Abhandlungen zur Didaktik und Philosophie der Naturwissenschaft. Band I. Heft 3.

Der naturwissenschaftliche Unterricht

— insbesondere in Physik und Chemie —

bei uns und im Auslande.

Von

Dr. Karl T. Fischer,

a. o. Professor der Kgl. Technischen Hochschule in München.

„Die Völker haben begonnen, das zu tun, wozu sie füreinander geschaffen sind — voneinander zu lernen.“

Friedrich Paulsen.

ISBN 978-3-662-42720-0 ISBN 978-3-662-42997-6 (eBook)
DOI 10.1007/978-3-662-42997-6

Inhalt.

Seite

A. Einleitung 3

B. Was kann der naturwissenschaftliche Unterricht für die Erziehung nützen? . . . 7

C. Die zweckmäßige Methode des naturwissenschaftlichen Unterrichts 10

D. Der gegenwärtige Stand des Physik- und Chemieunterrichts in verschiedenen Staaten 13

1. Deutschland 13
2. Österreich-Ungarn 24
3. Italien 25
4. Frankreich 26
5. Schweden 38
6. Norwegen 40
7. Holland 41
8. Rußland einschließlich Finnland 48
9. Großbritannien und Irland 57
10. Die Vereinigten Staaten von Amerika 62

E. Entwicklung des Laboratoriumunterrichts an in- und ausländischen Hochschulen . 67

F. Schlußwort 72

A. Einleitung.

Niemand kann zwar in die Zukunft schauen und kein noch so weitblickender Mann kann das fernere Schicksal eines Volkes voraussehen; aber auf einen Faktor unserer Zukunft können wir einwirken, das ist die Jugend im Volk; in ihr stellt sich unsere Zukunft dar. Durch die Erziehung der Jugend und durch Unterrichtseinwirkung auf dieselbe bereiten wir somit unsere kommenden Geschicke vor, soweit sie von uns und nicht von anderen Kräften abhängen. Und so wenig die Stellung des einzelnen Mannes oder eines Volkes zur Gesamtheit unverändert die gleiche geblieben ist oder überhaupt die gleiche bleiben kann und wird, so wenig werden die Mittel und Wege der Erziehung durch Unterricht für alle Zeiten dieselben bleiben können, die sie einst waren; vielmehr müssen wir in unablässiger Wachsamkeit, wie die Wandlungen im politischen und wirtschaftlichen Leben, so insbesondere die Erziehungsaufgaben und -methoden mit früheren Zuständen vergleichen und fortwährend prüfen, ob das Rüstzeug, mit dem wir uns und unsere Nachkommen auf dem Wege der Erziehung versehen, nicht da und dort einer Verbesserung, Verstärkung oder Ergänzung bedarf, damit es standhalte gegenüber den veränderten Bedingungen des Kampfes, der Leben heißt. Für die Stunden der raschen und gewaltsamen Entscheidung, die der Krieg bezweckt, haben sicher wir Deutsche die am besten entwickelte Rüstung und scheuen kein Opfer, uns noch immer besser zu wappnen; ob aber unsere Ausbildung für den stillen, aber ununterbrochen währenden Kampf, den wir friedlichen Wettbewerb nennen und der wohl mehr als der Krieg ein Mittel zur Besserung und Hebung des Lebens des Einzelnen und der Staaten bedeutet, eben so sorgsam und opferwillig beobachtet und auf der Höhe der Zeit gehalten wird, vermögen nur wenige rückhaltlos zu bejahen. Fragen der Erziehung kommen leicht in die Gefahr, als nicht dringlich zu erscheinen, weil die Entscheidungen darüber nie augenblicklich Früchte tragen oder Schädlichkeiten zum Vorschein bringen: aber in dem Gebiet, wovon die Worte gelten *videant consules ne quid detrimenti res publica capiat*, müssen sie an wichtiger Stelle stehen, wenn anders weitertragende Ziele verfolgt werden als Berücksichtigung momentaner und äußerlicher Interessen. So sicher wie in der Entwicklung der Kriegführung Intellekt und Wille wichtiger geworden sind als bloße körperliche Kraft, so sicher wird die Erziehung des Einzelnen und ganzer Völker in Zukunft mindestens ebenso wichtig erscheinen als die militärische Durchbildung; im selben Maße natürlich wird sich das Verhältnis des Aufwandes für militärische und für die Erziehungszwecke der Schulen verschieben müssen.

Und es werden die gebrachten Opfer keine schlechte Kapitalsanlage sein; andererseits „Ersparung" derselben einen Verlust von vervielfältigtem Betrage bedeuten. Wird doch in England der Rückgang der Industrie zu Gunsten Deutschlands in erster Linie und fast ausschließlich auf die Rechnung der Unterrichtseinrichtungen Deutschlands gesetzt[1]), die noch bis vor 20 Jahren ohne Frage in der ganzen Welt unerreicht dastanden. Werden wir in 20 Jahren noch dasselbe von uns behaupten dürfen, wenn wir nicht unermüdlich darauf bedacht bleiben, Lücken in unserem Unterricht auszubessern und, wo nötig, grundsätzliche Änderungen vorzunehmen? Kaum. Denn Amerika[2]) und England haben mit dem Momente, wo sie die Vorzüge und Bedeutung unserer Unterrichtsorganisationen klar erkannten, energisch eingesetzt, um uns nicht nur einzuholen, sondern es schließlich besser zu machen als wir. Historische und kritische Aufsätze, namentlich in den bereits 12 je über 700 Seiten starke Bände umfassenden *Special Reports on Educational Subjects* (*London, Eyre and Spottiswoode, Fleet Street E. C.*) des *Board of Education*[3]), bezeugen uns, welchen Wert England darauf legt, über den Stand

---

[1]) K. T. Fischer, Der naturw. Unterr. in England. Teubner 1901, S. 16 ff. — Reports on Education, Rep. of British Association (Belfast) 1902.

[2]) Daß in Amerika der Erziehung in allen Schichten des Volks die hervorragendste Bedeutung beigemessen und auf sie enorme Summen verwandt werden, zieht sich als Grundton durch sämtliche (26) Berichte der Teilnehmer an der englischen Moseley Educational Commission to The United States of America, October-December 1903 (publiziert als Reports of the Moseley Commission etc. London, by the Cooperative Printing Society Limited, New Bridge Street E. C. 1904, 400 p.). Die Änderungen im amerikanischen Schulwesen scheinen ganz dem Geiste zu entsprechen, den ein Brief an Moseley aus Philadelphia atmet, in dem es heißt: „*Conservative school men are never apt to approve of any fundamental improvement in educational methods. Such people in our country must be compelled to stand aside from the march of events. We cannot for than to die as nations have done in past centuries. The development of the steam engine, the application of electricity, the growth of great cities have come on so rapidly, utterly changing not only parental relations for a large part of the people, but also many industrial, moral and civic conditions, that we find ourselves all at once up against several problems of vast importance, and we conclude that they must be solved by means of the schools. Old methods, however, will not answer the purpose of the new conditions, which demand intelligent training in the practice as well as the theory of morals and citizenship as in engineering in its various branches*".

[3]) Vergleiche ferner die vielfachen Aufsätze in der englischen Zeitschrift Nature über Unterrichtsfragen namentlich von John Perry (Englands Neglect of Science) ferner: Balfours Rede „On Science and Industry", Nature 55, S. 85, 1896. — Education of Engeneers, Nature 66, S. 530—538, 1902. — New Regulations of the Board of Education, Nature 70, S. 345, 1904: „The sorry figure this country has recently cut in the industrial competition of the nations, and in another direction in South Africa, is precisely because of the dis-

der Erziehung in andern Ländern ein klares Bild zu gewinnen und Nutzanwendungen zu ziehen. In der Einleitung zu dem Bande über Erziehung in den Vereinigten Staaten von Amerika (*vol. 10* der *Special Reports on Educational Subjects, 1902*) sagt Sir JOSHUA FITCH, „*American educational reformers look with most confidence for help and guidance to „eminent teachers and professors rather than politicians or official personages*" (vergl. *Nature* Bd. 66, S. 648, 1902), und die enormen Geldmittel, welche in Amerika für Unterrichtszwecke verwendet werden, während die militärischen Ausgaben verhältnismäßig klein bleiben, beweisen, daß diese Anschauung praktisch durchgeführt wird. Nach einem Bericht des *Bureau of Education* gibt Amerika allein für Volksschulen mehr aus als England, Frankreich und Deutschland zusammen im Etat der Kriegsmarine. Eine Reihe von Büchern legt ein beredtes Zeugnis ab für das Interesse Englands und Amerikas an Erziehungseinrichtungen und -methoden; z. B. die Sammlung von 13 Vorträgen von *R. D. Roberts*, betitelt: *Education in the nineteenth century. Cambridge, at the University Press. 274 S. 1901; Science and education, Essays by Thomas H. Huxley. London, Macmillan, 1899, 451 S.*; *L. C. Miall, Thirty years of teaching London, Macmillan, 1897, 250 S.; Chapters on the aims and practice of teaching edited by Frederic Spencer, 284 S. Cambridge, at the University Press 1899; Teaching and Organisation with special reference to secondary schools, a manual of practice, edited by P. A. Barnett. 419 S. Longmans, Green & Cie., London*; *Herbert Spencer, Education, intellectual, moral and physical, 180 S. Cheap edition, Williams and Norgate, London 1898; Monographs on Education in the United States. Edited by Nicholas Murray Butler, Albany, New Yersey, 1900; Hadley, Arthur Twining, The education of the American citizen (Yale Bicentennial Publications), New York & London 1901; Nicholas Murray Butler, The meaning of education and other essays, New York 1898*; *Charles William Eliot, Educational Reform Essays and addresses, New York 1898; Francis A. Walker, Discussions in Education, edited by James Phinney Munroe, New York 1899 u. a. m.*

Dank der frischen Initiative und der zähen Ausdauer, mit der der Anglosachse ein einmal erkanntes Ziel möglichst bald zu erreichen sucht, ist zwischen Diskussion und praktischer Verwirklichung erzieherischer Ideen in England und Amerika nur eine kleine Zeitspanne verflossen — eine für uns, da wir infolge der stetig wachsenden Zentralisierung zwar stetiger, aber dafür schwerfälliger arbeiten, fast unverständlich kurze Zeit. Ohnedies für Theoretisieren und kritisches Abwägen mehr als andere Nationen infolge von Gewöhnung veranlagt, haben wir fast vergessen, daß auch die Erziehung, d. i. die Einwirkung auf den Willen, das Gemüt und den Verstand, auf die

position of the times past, on the part of those responsible for English Education, to regard "the training of the intellect towards understanding and applying the laws of the physical universe" as the work of some special kind of school instead of being a necessary and important part of every grade of education". — T. A. Organ, Vice-Chairman of the Technical Education board of London, Address to the Conference of Science Teachers, The London Technical Education Gazette 8, S. 8 f., 1902 u. a. m.

körperlichen und geistigen Fähigkeiten belebter Wesen, ebenso gut wie die Technik, d. i. die Kunst der Gestaltung der leblosen Materie, in das Gebiet der experimentellen Forschung gehört und Versuche erfordert[4]), wenn über die Richtigkeit von Überlegungen ein endgültiges Urteil gefällt werden soll. Über den erzieherischen Wert und die geeigneten Lehrmethoden der sogenannten Geisteswissenschaften, der Sprachen und der Geschichte, haben Jahrhunderte Klärung gebracht; und wir konnten uns solche Zeiträume gestatten, da wir den andern voraus waren; in Bezug auf die Naturwissenschaften muß über den Wert und die Methode rascher entschieden werden, also eifriger und vielseitiger experimentiert werden. Denn die Überzeugung, die unsere Universitäten groß werden ließ, „daß[5]) jeder Fortschritt der Vernunft und Wissenschaft zugleich eine Steigerung der kulturschaffenden Kräfte, zuletzt auch eine Erhöhung der Machtmittel des Staates herbeiführen müsse", hat sich mittlerweile auch in den meisten anderen Ländern Bahn gebrochen und auf die Entwickelung des Unterrichts ihren Einfluß bereits ausgeübt; so weit, daß auch PAULSEN bereits (a. a. O. S. 13) schreibt: „es bedürfe hier" — in den Naturwissenschaften — „bei uns die Unterrichtsmethode weiterer Ausbildung . . ." „und es scheinen uns namentlich im Gebiete des naturwissenschaftlichen Unterrichts Amerika und England vorausgeeilt zu sein". Ich habe bereits in meinem Berichte „Über den naturwissenschaftlichen Unterricht in England, insbesondere in Physik und Chemie", Teubner 1901, die Meinung ausgesprochen, es sei derselbe in England in den Jahren 1890—1900 auf Grund der Erfahrung und Überlegung weiter und besser ausgebildet worden als bei uns in Deutschland, und jetzt, da ich bis auf den gegenwärtigen Tag die Entwickelung verfolgt habe, glaube ich sagen zu dürfen: die Entwickelung der Methoden des naturwissenschaftlichen Unterrichts hat in England und Amerika ihren Abschluß erreicht und die als beste erkannte Methode ist bereits allgemein eingeführt, während bei uns in Deutschland die Frage der Unterrichtsmethoden der Physik und Chemie an Mittel- und Elementarschulen nur von einigen wenigen berufsfreudigen Lehrern in Fluß gehalten, seitens der meisten maßgebenden Körperschaften aber noch nicht einmal mit der Absicht entscheidender Erledigung praktisch in Angriff genommen worden ist.

Daß wir nicht ohne zwingende Gründe die Frage des naturwissenschaftlichen Unterrichts als eines zeitgemäßen Erziehungshilfsmittels über

---

[4]) In dieser Hinsicht sind die Versuche des Münchner Schulrates G. Kerschensteiner über das Zeichnen der Kinder, niedergelegt im Aufsatze: „Das zeichnende Kind und sein Verhältnis zur Kunst", Beilage zur Allgemeinen Zeitung No. 73, 29. März 1904 hochinteressant.

[5]) Friedrich Paulsen, Die höheren Schulen Deutschlands und ihr Lehrerstand, in ihrem Verhältnis zum Staat und zur geistigen Kultur. Braunschweig, Vieweg & Sohn 1904, S. 7.

Gebühr und zu unserem Schaden vertagen, wollen die folgenden Ausführungen zu verhindern mitwirken, indem sie in Wort und Bild über den Stand des physikalischen und gelegentlich des chemischen Unterrichts in verschiedenen Ländern Bericht erstatten. Da ich vorläufig aus eigener, mehrmonatlicher Erfahrung nur die englischen Verhältnisse kenne, so war ich darauf angewiesen, durch zum Teil eingehendere Korrespondenzen und Studium der Literatur, Programme und Lehrbücher Einblick in die Sachlage in anderen Ländern zu gewinnen. Ich bin aber dabei von so vielen und so maßgebenden Persönlichkeiten aufs bereitwilligste unterstützt worden, daß ich glaube, einen ziemlich richtigen Überblick geben zu können. Ohne einzelne Namen zu nennen, danke ich aufrichtig und herzlich allen, die mir, der Sache zu Liebe, so gerne in Briefen, Druckschriften und Büchern wertvolle Förderung und Auskunft schenkten.

B. Was kann der naturwissenschaftliche Unterricht für die Erziehung nützen?

Als Alexander der Große gefragt wurde, wem er sein Reich hinterlassen wolle, sagte er „τῷ κρατιστῳ“, d. h. „dem Tüchtigsten“. Das Wort gilt heute mehr als sonst. Dem tüchtigsten Volke wird jeweils die Welt und ihre Weiterentwicklung zufallen, und jenes Volk wird das tüchtigste sein, in dem die Fähigkeiten jedes einzelnen möglichst weit entwickelt sind und in dem jeder einzelne es einerseits versteht, die ihn umgebende Welt richtig zu erkennen und sich übermächtigen Verhältnissen anzupassen, und doch andererseits die Macht der Idee nicht verkennt und den Sinn für ideale Ziele in sich leben und wirken läßt.

Alles, was beitragen kann, den einzelnen körperlich und geistig „tüchtiger“ zu machen, wäre daher ein wünschenswertes Element des Unterrichts; da Zeit und Geld zur Einschränkung zwingen, so muß eine Auswahl der Unterrichtselemente getroffen werden nach Maßgabe des Wertes, den sie für das oben genannte Ziel der Tüchtigkeit haben, und die Auswahl wird zu verschiedenen Zeiten verschieden sein müssen. *In unserer Zeit ist ein gründlicher, nicht so sehr ein vielseitiger, naturwissenschaftlicher Unterricht ein unentbehrliches Unterrichtselement, das wir mit um so vollkommeneren Methoden zu Gunsten des Schülers verarbeiten müssen, je knapper die dem einzelnen Lehrgegenstande zumeßbare Zeit wird.*

Schon um des *Wissens* allein willen: solange wir die Kultur des klassischen Altertums in uns aufzunehmen hatten, mußte das Studium der alten Sprachen und der Geschichte als der wichtigste Zugang zu jener Bildungsstufe den Hauptinhalt des Unterrichts bilden; naturwissenschaftlicher Unterricht war damals nicht nötig, weil nicht möglich, da es noch keine naturwissenschaftliche Forschung gab. Seit wir aber durch das Studium der Natur und die daraus abgeleitete Dienstbarmachung der Naturkräfte neue Bahnen in der Produktion, in der Arbeitsteilung und im Verkehr betreten haben, muß der naturwissenschaftliche Unterricht den ihm zukommenden Platz in der Schule erhalten, damit in der sogenannten „allgemeinen Bildung“ — ich möchte darunter die Fähigkeit des Einzelnen verstehen, sich und andere in ihrem Verhältnisse zu einander und zum Staate und zur Kirche gerecht zu beurteilen und darnach zu handeln — nicht jene Momente vermißt werden, ohne die wir unsere eigne Zeit, unsere gegenwärtige Entwickelung und Aussichten für die Zukunft nicht verstehen können. Es genügt nicht mehr, nur zu wissen, wie es früher einmal in der Welt aussah, und zu versuchen, den damaligen Stand zu erhalten; das würde nicht „Leben“ sein.

Zweitens sind die Naturwissenschaften ein vorzügliches Mittel zur Steigerung des Könnens, zur Entwicklung des Charakters, wenn sie richtig gelehrt werden. Die herrschende Idee, die W. von Humboldt unter Friedrich Wilhelm III. in seiner Organisation des höheren Unterrichts und der Berliner Universität verfolgte war die (Paulsen, a. a. O. S. 8): „die höheren Stände, vor allem aber die leitenden Beamtenkreise aller Zweige des öffentlichen Dienstes durch einen eigentlich wissenschaftlichen Unterricht, den die Gelehrtenschulen zu beginnen, die Universität zu vollenden habe, zu voller Freiheit und Selbständigkeit des Denkens und Handelns zu erheben“. Demgemäß sollte schon der Schüler des Gymnasiums „nicht bloß fertige Kenntnisse passiv und gedächtnismäßig aufnehmen, sondern durch freie Selbsttätigkeit Wissen hervorbringen lernen. Das allein gebe Bildung im wahren Sinne des Wortes, Kultur der geistigen Kräfte“ (a. a. O. S. 9). Hat nicht Pestalozzi dieselbe Anschauung für die Volksschule gepredigt: „Selbsttätigkeit allein schafft Bildung, nicht blos gedächtnismäßiges Lernen“. Wie herrlich kann ein gesunder Physik- und Chemieunterricht dieser Unterrichtsidee dienen! Viel besser, glaube ich, nach allem, was unsere besten Physiker[6]) darüber schrieben und was wir selbst in unserer fachlichen Tätigkeit innerlich gewonnen haben, als historischer oder selbst mathematischer Unterricht, mindestens aber ebenso gut! Und sicher in unserer Zeit, die von uns verlangt, daß wir scharf beobachten, richtig schließen und überlegt, aber kraftvoll handeln, und in der jeder einzelne selbständig zwischen Wissen und Meinen zu unterscheiden im stande sein soll, damit nicht eitle Spekulation und unerlaubte Extrapolation die Grenze zwischen beiden Gebieten zum Schaden Urteilsloser[7]) verwischen (vergl. E. Häckels Welträtsel).

---

[6]) Henry A. Rowland, Das höchste Ziel des Physikers, Physikalische Zeitschrift 2, S. 667—673, 1901. — H. Helmholtz, Vorträge und Reden Bd. I, S. 179 ff., 1896. — Th. H. Huxley, Essays on Science and Education, London, Macmillan, 1899.

[7]) Bastian Schmid, Dringen durch die modernen Naturwissenschaften materialistische Ideen in die Schule? Natur und Schule 3, 1. Heft, 1904.

Helmholtz sagt einmal[8]): „es sei wesentlich eine Frage der Zeit und der Erweiterung des Umfanges der Naturwissenschaften, inwiefern den mathematischen Studien als den Repräsentanten selbstbewußter logischer Geistestätigkeit ein größerer Umfang in der Schulbildung eingeräumt werden müsse". Ich glaube, man darf hier statt „mathematische" „mathematisch-naturwissenschaftliche" Studien setzen, um den vollen Sinn des Helmholtzschen Gedankens wiederzugeben. In Amerika und England hielt man vor einigen Jahren die Zeit für eine gründliche[9]) und allgemeine Einführung gekommen, und heutzutage ist dort ein methodisch durchgearbeiteter Unterricht in Physik und Chemie in allen höheren Schulen eine vollendete Tatsache, in Rußland und Holland wird die Frage ernstlich erwogen und bei uns in Deuschland sind von einzelnen Männern wie Schwalbe (†), Vogel, Poske, Noack, Hahn u. a. bereits seit Jahren Versuche durchgeführt worden, welche zeigen, daß auch bei uns innere, d. h. innerhalb des Unterrichts liegende Gründe gegen Einführung der neuen Methode nicht vorhanden sind[10]). Bei uns scheint die Schwierigkeit mehr in der Schwerfälligkeit unseres Schulapparates, der großen Schülerzahl — und einem vielleicht zu engherzig festgehaltenen Konservativismus der maßgebenden Behörden zu liegen. In Amerika und England, dem Vaterlande eines Newton, Faraday, Darwin und Huxley, entspricht die Einführung eines rationellen Physik- und Chemieunterrichtes der ganzen äußeren Entwickelung als Industriestaaten; als Hauptgrund für dieselbe wird aber von den Führern der Bewegung stets die Bedeutung der Naturwissenschaften für die Erziehung angegeben, die außer dem **Wissen** und **Können** auch das **Wollen** reifen soll.

Auf diese Bedeutung hat schon der ebenso wissenschaftliche wie gemütvolle Tyndall[11]) in einer Rede „Über das Studium der Physik" 1854 in der *Royal Institution of Great Britain* und der fromme und charaktervolle Ch. Kingsley[12]) in einem 1846 in Reading gehaltenen Vortrage „*How to study natural history*" hingewiesen. Der Naturforscher, dessen Aufgabe es ist, die Erscheinungswelt genauer zu analysieren, die zeitliche oder ursächliche Folge derselben tiefer zu ergründen und Schlüsse aus beobachteten Erscheinungen oder aus darüber aufgestellten Anschauungen zu ziehen, erfährt eine gründliche

---

[8]) Dies und das Folgende teilweise aus des Verf. „Naturw. Unterr. in England" entnommen. S. 34 f.

[9]) Special Reports (l. c.) I, S. 397 und vol. II, S. 54, 1898.

[10]) Die Ansicht, welche J. Kießling (1895) in Abteil. X des IV. Bandes S. 1—73 des Baumeisterschen Handbuches der Erziehungs- und Unterrichtslehre für höhere Schulen S. 27 ausspricht, es sei der beobachtete günstige Erfolg der Schülerübungen „so ausschließlich durch die Persönlichkeit des leitenden Lehrers und die Beschaffenheit der zur Verfügung stehenden Sammlung und die Räumlichkeit bedingt, daß der allgemeinen Einführung solcher Übungen gegenwärtig noch schwer zu beseitigende Hindernisse im Wege stehen" wird von ihm heute kaum mehr vertreten werden können.

[11]) Tyndall, Fragments of Science vol. I, S. 343 ff. London 1879.

[12]) Ch. Kingsley, Scientific Lectures and Essays. London 1899.

Schulung zur Achtsamkeit[13]), zu geduldiger, sorgfältiger und stetiger Arbeit, zu selbständigem Denken und ihm entspringender Wißbegierde, objektivem Urteil — zu Bescheidenheit und entsagender Selbstlosigkeit, die er stets dann üben muß, wenn ihn eine Erscheinung zwingt, eine vorgefaßte Meinung zu verlassen, und diese Schulung „ist für den ernsten wissenschaftlichen Forscher, der nicht in der Absicht arbeitet, in der Welt Aufsehen zu erregen, sondern der die Wahrheit mehr liebt als den flüchtigen Glanz momentaner Berühmtheit, ein Erziehungsmittel von höchstem moralischen und intellektuellen Wert“ (Tyndall a. a. O.). Auf die Notwendigkeit der Entwickelung objektiven Urteils durch naturwissenschaftliches Studium legt auch Faraday in seiner Rede „Über Erziehung“, gehalten vor dem Prince Consort in der Royal Institution großes Gewicht. „Gar viele“, sagt er, „sind bereit, Schlüsse zu ziehen, die wenig oder keine Fähigkeit haben, richtig zu urteilen; denn die Menschheit läßt die Denkweisen, welche zum Urteilen führen, fast gänzlich unentwickelt und viele Entscheidungen werden daher teils aus Unkenntnis, teils aus Voreingenommenheit, nach persönlichem Gefühl (*passions*) oder selbst auf Grund zufälliger Veranlassungen gefällt“. Ganz ähnlich spricht sich Helmholtz (a. a. O.) aus.

Wie die klassischen Studien in erster Linie das Gemüt, so bilden die Naturwissenschaften vorzugsweise den Verstand; beide wirken auf den Charakter: die klassischen Studien durch ideale und idealisierte Vorbilder und die Lehren menschlicher Schicksale, die Naturwissenschaften durch die Erkenntnis der ewigen, ehernen Gesetze, welche den ruhenden Pol in der Erscheinungen Flucht bilden; beide, richtig in der Erziehung verwendet, werden ohne Zweifel tüchtigere Menschen liefern, als nur eines von beiden.

C. Die zweckmäßige Methode des naturwissenschaftlichen Unterrichts.

Freilich kann dieser erzieherische Wert der Naturwissenschaften nur dann zur Geltung kommen, wenn auch die Schüler sie auf die gleiche Weise kennen lernen, mit dem gleichen Geiste denken lernen, in dem der Forscher seine Wissenschaft pflegt. Bis ins Mittelalter hinein haben die führenden Männer aus ihrem Geiste am Schreibtische zu erkennen versucht, was die Welt im Innersten zusammenhält, ohne irgend welche bemerkenswerte Naturkenntnisse zu gewinnen. Erst von der Zeit an, da man sich durch die Erfahrung hatte belehren lassen, daß nur dann der Gedanke Wert und Tragfähigkeit gewinnt, wenn er auf tatsächliche Beobachtungen sich gründet, nur dann ein bis zur Dienstbarmachung führendes Verständnis der Natur möglich ist, wenn wir uns die Mühe nehmen, im Weltenraume, dem

[13]) W. F. Barrett, The Teaching of Science, an address delivered before the Congress of the Irish National Teachers' Organization. Dublin, Graham & Co., 1893, S. 18. — Special Reports vol. III, S. 137: „Erfolg und Mißerfolg sind rascher ersichtlich und es kann die Freude an der Arbeit hierdurch wesentlich gesteigert werden“.

Laboratorium des Schöpfers, die im Gange befindlichen Geschehnisse oder im eigenen Laboratorium willkürlich hervorgerufene Vorgänge sinnlich wahrzunehmen, festzustellen, miteinander zu vergleichen und aus dem Beobachtungsmateriale Schlüsse zu ziehen. Nur dann werden wir auch in der Lage sein, die Tragweite unserer Schlüsse, die Halbgebildete so leicht auf unbekannte Zeiträume und Orte ausdehnen, nicht zu überschätzen, wir werden durch die Naturbetrachtung nicht zu Hochmut verleitet, sondern dazu gedrängt werden, uns zu bescheiden. In gleicher Weise muß dem Anfänger im Unterricht die Möglichkeit geboten werden, selbst zu beobachten und ein eigenes Urteil zu fällen; zwar nicht so, wie ARMSTRONG[14]) ursprünglich mit seiner heuristischen Methode wollte, daß man dem Schüler alles allein zu finden zumutet und ihm gewissermaßen befiehlt, ein Entdecker zu sein, aber doch so, daß er eine Erscheinung nicht bloß durch Mitteilung erfährt, sondern alles durch eigene persönliche Erfahrung kennen lernt; und so gut der Forscher sich die fertige Arbeit seiner Vorgänger zu nutze macht, indem er deren Berichte liest, so gut darf der Schüler zur Anstellung eines Versuches Anleitung erhalten. An einigen wichtigen Vorgängen muß er aber selbst Feststellungen vornehmen dürfen und können, um sie unter sich und mit jenen anderer Schüler und bisweilen des Lehrers zu vergleichen. Er soll auf diese Weise lernen, wie man Naturkenntnisse gewinnt, und wird mit einer genauen Kenntnis weniger Erscheinungen innerlich mehr gewinnen, als wenn er aus einem Buche eine Unmenge von Dingen auswendig lernt, die er doch später aus dem Gedächtnis verlieren wird und über die er sich später, wenn er erst einmal das nötige Verständnis für Naturbetrachtung erworben hat, mit größerer Sicherheit und geringerem Zeitaufwande aus einem Lexikon Rats erholen kann. „*Mere book learning*“, sagt HUXLEY, „*in physical science is a sham and a delusion, real knowledge in science means personal aquaintance with the facts, be they few or many*“ (Physik aus Büchern zu lernen, ist Täuschung und Blendwerk; wirkliches Wissen in der Naturwissenschaft besitzt nur, wer sich mit den Tatsachen persönlich vertraut gemacht hat; ob es viele oder wenige sind, spielt dabei keine Rolle). Als HUXLEY[15]) seinerzeit sah, wie vieles, was unter dem Namen naturwissenschaftlichen Unterrichts ging, tatsächlich nutzlos war, betonte er, trotzdem er für mehr naturwissenschaftliche Bildung stritt, daß „*If scientific education is to be dealt with as mere book work it will be better not to attempt it*“ und „*If scientific training is to yield its most eminent results it must I repeat be made practical*“, d. h. nur in Verbindung mit Laboratoriumsunterricht können Naturwissenschaften mit Sinn und Nutzen gelehrt werden. Daß die Naturvorgänge, so wie wir sie heutzutage analysieren, gerade so vollständig von jedem einzelnen erforscht

[14]) Genauere Ausführung in dem Buche des Verf. über Naturw. Unterr. S. 40—56. Vergl. auch: E. Grimsehl, Über den Betrieb der Physik als Naturwissenschaft, Vortrag auf der Hauptversammlung zu Halle. Unterrichtsblätter für Math u. Naturw. X, 1904, No. 3.

[15]) Aus Industrial Education von Sir Philipp Magnus, Roberts l. c. S. 163.

werden könnten, wenn dieser einzelne nur klug genug wäre und sich eines genügend langen Lebens erfreuen könnte, das zeichnet die Naturwissenschaften vor der Geschichte und Literatur aus, die sich mehr an das Gedächtnis als an das Urteil und die Erfahrung des Lernenden wenden. Deswegen ist es aber zunächst ganz unberechtigt gewesen, die Lehrmethode des Sprach- und Geschichtsunterrichts auf die Naturwissenschaften zu übertragen. Die historische Entwicklung des Unterrichts brachte es mit sich, daß Mattew Arnold, der große englische Erzieher und Organisator, sagen mußte: „*The idea of Science and scientific knowledge is wanting to our whole instruction alike*“, d. h. in unserem ganzen Unterricht (auf England und die Jahre 1860—70 bezogen) ist die Idee und der Sinn naturwissenschaftlicher Erkenntnis etwas Unbekanntes[16]).

Den gesunden Geist der naturwissenschaftlichen Forschung den Schülern bekannt und verständlich zu machen, halte ich für das Wichtigste und zur Zeit für sehr notwendig; der Weg zu diesem Ziele führt am sichersten durch das Schülerlaboratorium, das von einem Lehrer geleitet wird, der selbst den richtigen Geist in sich aufgenommen hat; der Umfang des Pensums scheint mir eine untergeordnete Frage zu sein; völliger Ausschluß von Demonstrationsversuchen ist kaum möglich und wäre zu weitgehend, denn im Demonstrationsunterricht können dem Schüler, der einen Versuch selbst anzustellen gelernt hat, schwierigere Vorgänge, die kostspielige Versuchsanordnungen erheischen, immerhin noch mit Nutzen und besser bekannt gemacht werden, als bloß durch die Lektüre eines Buches[17]). Für den reiferen Schüler, dem man die größeren Gedankenreihen, namentlich der Theorien vorführen kann, werden Laboratorium und Demonstrationsunterricht wieder mehr und mehr entbehrlich. Für den Anfänger sind sie aber eine *conditio sine qua non*.

Wie sich ein solcher Unterricht im Schülerlaboratorium im einzelnen gestaltet, ist am Beispiel Englands in meinem mehrfach angeführten Buche genau auseinandergesetzt; sogar über Kosten und Einzelheiten der Räume und Tische konnte ich darin Zahlen angeben. Im folgenden will ich daher in etwas größeren Zügen erweisen, daß die geschilderte Methode bereits sehr frühe in Deutschland als allein richtige empfohlen wurde, daß sie in den Ländern, in denen man speziell dem naturwissenschaftlichen Unterricht in den letzten Jahrzehnten erhöhte Aufmerksamkeit schenkte, bereits anerkannt

[16]) Im gleichen Sinne äußert sich E. Mach, Populär-wissenschaftliche Vorlesungen, XV, Über den relativen Bildungswert der philologischen und der mathematisch-naturwissenschaftlichen Unterrichtsfächer der höheren Schulen S. 304—345; insbes. S. 338ff. Leipzig 1897.

[17]) Vergl. B. Schwalbe, Über die Möglichkeit der Einrichtung eines praktischen physikalischen Unterrichts an höheren Schulen. Poskes Zeitschr. für phys. u. chem. Unterr. 4, S. 209—211, S. 161—176. — H. Rowland, Der Wert des praktischen physikalischen Arbeitens für die Erziehung. Zeitschr. f. phys. u. chem. Unterr. 1, S. 37. — E. Mach, Über die Anordnung von quantitativen Schulversuchen. Zeitschr. f. phys. u. chem. Unterr. 1, S. 197—199 und andere später angeführte Aufsätze.

und als durchführbar erwiesen ist, und daß sie wahrscheinlich im Laufe der Zeit in allen Ländern im Unterrichte ihren Platz erhalten wird. An unseren deutschen Hochschulen hat sich seit der Gründung des ersten chemischen Laboratoriums durch Liebig im Jahre 1825 in Gießen dieser Unterrichtsgang bewährt. Warum sollte er nicht auch für Mittelschulen das Richtige treffen? Handelte es sich doch und handelt es sich zum Teil noch jetzt auch an Hochschulen darum, die Elemente der Physik zu lehren!

D. Der gegenwärtige Stand des Physik- und Chemieunterrichts in verschiedenen Staaten.

1. Deutschland. Fast gleichzeitig mit dem Erwachen der Naturwissenschaften trat die Forderung nach einem geistesbildenden Unterrichtsbetrieb in der Physik auf[18]). Es verlangte Comenius (1592—1671), „es solle der Unterricht mit realen Anschauungen, nicht mit verbaler Beschreibung der Dinge beginnen; denn das sinnlich Aufgefaßte hafte am festesten im Gedächtnis. Man unterrichte anschaulich; man beachte beim Unterrichte die natürlichen Entwicklungsstufen des Geisteslebens der Kinder, die erst praktizieren, dann meditieren[19])". Und er sagt dann weiter: „Beinahe niemand lehrt die Physik durch die Anschauung und Versuche, alle durch Vorlesungen eines Aristotelischen oder anderen Textes. . . Die Menschen müssen in der Weisheit soviel als möglich nicht aus Büchern unterwiesen werden, sondern aus dem Himmel, der Erde, den Eichen und Buchen, d. h. sie müssen die Dinge selbst kennen lernen, nicht nur fremde Beobachtungen und Zeugnisse über die Dinge". Es hatte damit Comenius vor nun 300 Jahren den Kern jedes fruchtbaren naturwissenschaftlichen Unterrichts richtig erfaßt; seine Zeit war aber nicht fähig oder nicht gewillt, ihn zu verstehen. Der Unterricht wurde in praxi genau so wie der Sprachunterricht erteilt. Ebenso erfolglos waren die Bestrebungen der Philanthropen, die an Locke und Rousseau anknüpften und verlangten, der physikalische Unterricht solle mit den einfachsten Erfahrungen beginnen, dann erst zu Versuchen schreiten, und die spekulative Erkenntnis solle gänzlich ausgeschlossen werden. Wie Hohmann in seiner Methodik a. a. O. meint, fehlte es an ausreichend geschulten Lehrkräften, die die nötige Tiefe des Wissens hatten, um Erkenntnisse anderer anschaulich mitzuteilen. Naturwissenschaften wurden daher so gelehrt wie Geschichte, indem aus einem Buche vorgelesen wurde (z. B. Junkers Handbuch der

---

[18]) Vergl. L. Hohmann, Methodik der einzelnen Unterrichtsfächer, Breslau 1902, S. 400. — Die Entwickelung des Chemieunterrichtes speziell ist in der Inaug.-Diss. von Erich Binder, Leipzig, gedruckt bei Teubner 1903, 34 S., dargestellt; der Titel ist: „Beiträge zur Entwickelungsgeschichte des chemischen Unterrichts an deutschen Mittelschulen."

[19]) Vergl. John Perry, The Teaching of Mathematics, Nature 62, S. 317—320, 1900. — Oliver Heaviside, Nature 62, S. 548, 1900. — The reform of mathematical teaching, Nature 62, S. 389, 437, 466 u. 523, 1900.

gemeinnützigen Kenntnisse). Merkwürdigerweise hat Pestalozzi gar keinen direkten Einfluß auszuüben vermocht. Sein Schüler von Türck (1818) ebensowenig. Der Nichtpestalozzianer Niemeyer (1818) stellte in seinen „Grundsätzen“ wiederholt die alten Comeniusschen Forderungen auf und sagte: „Die Elementarphysik wird von den bekannten Erscheinungen und den einfachsten Gesetzen der Bewegung, der Kohärenz und der Schwere, soweit sie durch Erfahrung und Versuche anschaulich gemacht werden können, ausgehen und von diesen zu den Untersuchungen der Stoffe, der Wärme, des Wassers, der Luft, des Lichtes, der elektrischen und magnetischen Materie übergehen. Je mehr man dabei die Schüler selbst zum Nachforschen gewöhnt, je mehr die anzustellenden Experimente nicht nur die Neugierde befriedigen, sondern das Nachdenken anregen und zu eigenen Beobachtungen und Versuchen führen, desto angemessener ist die Lehrart“. Anwendung haben aber diese schönen und klaren Grundsätze nicht gefunden.

Den ersten wirklichen Schritt zur Besserung führte Joh. Crüger (1850) mit seinem Buche „Physik in der Volksschule“ und „Grundzüge der Physik mit Rücksicht auf die Chemie“ (1850) aus. In diesen wird stets der Versuch zum Ausgangspunkt genommen und jeder Versuch im einzelnen beschrieben und mit so einfachen Hilfsmitteln durchführbar dargestellt, daß man nach ihm Physik durch praktisches Selbststudium lernen kann.

An den Volksschulen, deren Zöglinge wohl von Hause aus einen stark entwickelten praktischen Sinn mitbrachten, scheint der Physikunterricht früher als Lehrgegenstand eine Stätte gefunden zu haben als an den Mittelschulen. In diesen, die anfangs ja sämtlich humanistische Gymnasien waren, war Latein und Griechisch und die Welt des klassischen Altertums das *A* und *Ω* des Unterrichts. Wohlbegründete Vorschläge zur Verwertung der erzieherischen Bedeutung der Naturwissenschaften wurden zwar stets von neuem vorgebracht, aber man war, wie schon zu Comenius' Zeiten, taub gegen die einleuchtendsten Ausführungen. Selbst ein so vortreffliches Buch, wie „Die Naturwissenschaften in der Erziehungsschule“ von Otto Wilhelm Beyer[20]) blieb ohne praktischen Einfluß (siehe insbes. S. 73 ff.), ja es erlebte nicht einmal eine zweite Auflage, so wenig Sinn hatte man in Deutschland für die Verbreitung gediegener naturwissenschaftlicher Kenntnisse. Noch zu meiner Zeit (1889) gab es an den bayerischen humanistischen Gymnasien nur Unterricht in der Mechanik; und diese wurde uns gelehrt, ohne daß wir einen Apparat zu sehen bekamen; wir hatten eben zu memorieren, eine Art logischen Beweises für den Satz vom Kräfteparallelogramm (nach Walberers

---

[20]) Otto Wilhelm Beyer, Die Naturwissenschaften in der Erziehungsschule nebst Vorschlägen für Schulwesen, Tierpflege, Schulgarten, Schulwerkstatt und Schullaboratorium. Leipzig, Georg Reichardts Verlag, 1885. — Vergl. auch den interessanten Aufsatz von Herman Grabs: „Über die Forderungen der Naturforscher u. Ärzte an die Schule“. Jahrbuch des Vereins für wissenschaftliche Pädagogik 22 (1890), S. 154—193: „vom Greifbaren zum Begriff“.

Lehrbuch der Mechanik) zu lernen und konnten schließlich im einen und anderen Falle Kräfte berechnen und die Gesetze der einfachen Maschinen ableiten. Aber es brauchte unsere ganze Mechanik mit der Natur garnichts zu tun zu haben; wir mußten glauben, um des Buches willen, allenfalls des Wissens wegen gelernt zu haben. Erst 1891 wurde Naturbeschreibung und Physik in das Lehrprogramm der humanistischen Anstalten aufgenommen. Zu gleicher Zeit wurden auch, wenigstens dann und wann, physikalische Apparate in den Unterrichtsräumen sichtbar. In der Schulordnung wurde der Zweck der neuen Unterrichtsfächer, wenigstens der Naturkunde — die Aufgabe der Physik ist nicht allgemeiner angegeben, nur ihr Pensum im einzelnen vorgeschrieben — ganz richtig als „Ausbildung der Sinneswahrnehmungen und Weckung und Erhaltung des Interesses an der Beobachtung von Naturgegenständen" angegeben. Sie sollten nicht zur Vorbereitung für ein bestimmtes Fach, sondern dazu dienen, einen wesentlichen Bestandteil der allgemeinen Bildung zu vermitteln (Schulordnung S. 25). Für die Physik wurden an den Gymnasien in den 2 obersten Jahreskursen je 2 Wochenstunden vorgesehen, in denen unter Anwendung einfacher Apparate physikalische Tatsachen demonstriert werden sollen.

An den bayerischen Realschulen und Realgymnasien wird bei uns in Physik und Chemie die gleiche Unterrichtsmethode gehandhabt wie an den humanistischen Anstalten; der Unterricht schließt an Experimente an, welche im wesentlichen vom Lehrer ausgeführt werden; und ist somit Demonstrationsunterricht; die Zahl der Demonstrationen wird mit Rücksicht auf die Fülle des Stoffes, der „gelehrt" werden muß, und zum Teil nach Maßgabe der vorhandenen Apparate bestimmt und muß in bescheidenen Grenzen bleiben. Eine Mitwirkung der Schüler wärend der Versuche ist nur vereinzelt möglich, insofern sie bei der Aufstellung (nur selten!) oder zu Ablesungen herbeigezogen werden. Die zur Anschaffung von Apparaten zur Verfügung stehenden Geldmittel sind an verschiedenen Anstalten verschieden und liegen etwa zwischen jährlich 100 und 300 Mark, das sind Summen, mit denen auszukommen ist, wo bereits ein Grundstock an Apparaten besteht.

In Norddeutschland ist bereits früher[21]) als bei uns der naturwissenschaftliche Unterricht an den Mittelschulen eingeführt worden, an den Realgymnasien oder Oberrealschulen, soviel ich unterrichtet bin, auch bald in einer guten Form; namentlich wird Chemie an den Realgymnasien und sogenannten höheren Bürgerschulen seit den 60er Jahren außer durch Demonstrationen auch im Laboratorium, in dem der Schüler selbständig arbeiten kann, gelehrt. Der preußische Lehrplan von 1892 und der badische von 1895 fordern für den Unterricht in Chemie an Oberrealschulen und Real-

[21]) Eine eingehendere Darstellung der neueren Entwicklung gibt J. Norrenbergs Geschichte des naturwissenschaftlichen Unterrichts an den höheren Schulen Deutschlands. B. G. Teubner, Leipzig, 76 S., 1904, insbes. siehe daselbst S. 56 ff.

gymnasien eine Ergänzung durch praktische Übungen der Schüler; physikalische Schülerexperimente werden in diesen Lehrplänen gestattet, aber nicht verlangt.

Vereinzelt haben in Deutschland einige für ihr Fach begeisterte Lehrer die Schüler selbst experimentieren lassen, ohne programmgemäß dazu verpflichtet zu sein. So hat der jetzige Geheime Regierungsrat Dr. Vogel, in der Mitte der 80er Jahre als Direktor des Königstädtischen Realgymnasiums im Zusammenhang mit dem chemischen Praktikum die Schüler auch physikalische Übungen ausführen lassen; im Lehrerseminar zu Cöthen hat der jetzige Direktor der Handfertigkeitsschule in Leipzig Dr. Pabst in den Jahren 1885—89 praktische Übungen an den Physikunterricht angeschlossen, die bis auf den heutigen Tag im Lehrplan blieben, indem dort, abgesehen von Handfertigkeitsunterricht, in Oberklasse II und I der sechskursigen Anstalt Anfertigung von einfachen Apparaten und Veranschaulichungsmitteln und physikalisches Praktikum mit besonderer Berücksichtigung der Schulexperimente im Programme verzeichnet sind; seit 1890 haben sich B. Schwalbe[22]) und F. Poske[23]) in Berlin in vielfältiger Weise um Schülerübungen verdient gemacht. K. Noack[24]) läßt am Gymnasium in Gießen seit 1892 in fakultativer Weise mit Aufwand von vieler Zeit und Mühe seine Schüler physikalische Messungen durchführen. In den hier zitierten Aufsätzen, in denen letztere Herren ihre Erfahrungen mit Schülerübungen niederlegten, ist auf kleinem Raume wertvolles und beachtenswertes Material über Schülerübungen in Deutschland zu finden. Außerhalb Deutschlands kann Poske seine Voraussage in dem Aufsatze von 1891 in Erfüllung gehen sehen: „Wenn erst praktische Erprobung den Wert solcher Übungen dargetan hat, dann wird auch deren Einordnung in den Gesamtlehrplan des Gymnasiums (immer in fakultativer Form) nicht ausbleiben können“ (a. a. O. Ztschr. phys. chem. Unt. V, S. 58). Im Auslande sind sie sogar obligatorisch geworden! Bemerkenswert ist, daß alle, die sich ernsthaft mit Schülerübungen befaßt haben, finden, daß außer qualitativen Versuchen sehr wohl auch quantitative sich eignen und das lebhafte Interesse der Schüler hervorrufen. Es äußert sich in der von Noack besonders betonten Freude der Schüler an Versuchen und Aufgaben, bei denen ein durch Zahlen oder Kurven verfolgbares Resultat gewonnen wird, eben das Interesse, welches jedem innigeren Verständnis einer Sache entspringt. Ein solches tieferes Verständnis bildet einen Hauptwert der

[22]) B. Schwalbe, Jahresbericht über das Dorotheenstädtische Realgymnasium in Berlin 1900—1901, S. 21—24 u. 28.

[23]) F. Poske, Über die Anleitung von Schülern zu physikalischen Versuchen. Zeitschr. für den physikal. u. chem. Unterricht V, S. 57—61, 1891. — F. Poske, Über Grundfragen des physikalischen Unterrichts. Vortrag, gehalten auf der Hauptversammlung des Vereins zur Förderung des Unterrichts in Mathematik u. den Naturwissenschaften in Gießen. Unterrichtsblätter für Math. u. Naturw. 7, S. 44 ff., 1901.

[24]) Karl Noack, Über physikalische Schülerübungen. Vortrag, gehalten auf der Hauptversammlung in Gießen. Unterrichtsblätter für Math. u. Naturw. 7, S. 97—101, 1901.

Übungen. Die im Schülerpraktikum gestellten Aufgaben werden von Poske und Noack einzeln aufgeführt und sind teils qualitativer, teils quantitativer Natur. Chladnische Klangfiguren und Kraftlinienbilder sind nicht weniger lehrreich als die Bestimmung von Prismenwinkeln oder der Lichtabsorption in Rauchgläsern, oder die Messung von Dichten und Widerständen. In dem wohl vielfach bekannten Leitfaden von Noack für physikalische Schülerübungen (Berlin, Springer, 1892) sind 170 Versuche mit den dazu nötigen, einfach gehaltenen Apparaten beschrieben, welche in Gießen im Praktikum des Gymnasiums behandelt werden. Im Süden Deutschlands wurde wohl zuerst (1890) von Dr. Gerlach[25]) in der Dr. Plähnschen Erziehungsanstalt in Waldkirch im Breisgau eine Schülerwerkstätte und ein Schülerpraktikum eingeführt, zur Zeit ist dasselbe, wie ich gelegentlich des Besuches der Anstalt erfuhr, wieder eingestellt, da der Raum zu anderen Zwecken nötig wurde. Nach einer Umfrage, welche die Redaktion der Poskeschen Ztschr. für den phys. chem. Unt. i. J. 1897 hielt[26]), um festzustellen, inwieweit in Deutschland Schülerübungen eingerichtet seien, sind solche in den 90er Jahren verschiedentlich von opferwilligen Physiklehrern fakultativ und größtenteils außerhalb der Pflichtzeit abgehalten worden. So hat im Realgymnasium zu Döbeln in Sachsen Rektor Prof. Dr. Rühlmann[27]) bereits 1893 Schülerübungen versuchsweise eingeführt, an denen tüchtige Schüler der vier obersten Klassen in Gruppen zu sechs je einmal in der Woche während zweier Stunden an freien Nachmittagen teilnehmen konnten. In den letzten Jahren ließ er die Schüler erst einen praktischen Werkstättenkurs durchmachen. Die Resultate waren so zufriedenstellend, daß in Döbeln der Bau eines eigenen Gebäudes für physikalische und chemische Laboratorien für 1900 geplant wurde, der in der Zwischenzeit wohl auch fertiggestellt wurde.

Dr. Bödige hat an der Realschule in Duderstadt — er ist jetzt in Osnabrück — gleichfalls im Jahre 1893 Schülerübungen begonnen, K. Weise an der städtischen Oberrealschule in Halle a. S. 1894, Dr. Mögelin am Berliner Königstädtischen Realgymnasium 1895, Dr. P. Johanneson am Berliner Sophienrealgymnasium 1896, Dr. Bohnert an der Oberrealschule zu Hamburg 1897, Dr. Rittinghaus an der Oberrealschule in Lennep (wann, nicht angegeben). Meistens sind diese Übungen fakultativ eingeführt worden, mit wöchentlich 1—3 Stunden und Gruppen bis zu 16 Schülern. Am Realgymnasium zu Brandenburg a. H. werden außerhalb des regulären Unterrichts des öfteren messende Versuche vorgeführt, welche eine Wiederholung des im Vortrage Behandelten bilden. Die Einteilung der unter Schwalbe von ihm und

---

[25]) O. Gerlach, Die Jugend bedarf der praktischen Tätigkeit! Beilage zum Jahresbericht 1890/91 der Plähnschen Realschule. Bruchsal, D. Weber, 1891. — O. Gerlach, Erziehungsanstalten u. Handfertigkeitsunterricht. Beilage zum Jahresbericht 1893/94 der Plähnschen Realschule. Freiburg i. Br., Fr. Wagner, 1894.

[26]) V. Bd., S. 57, 1892. XI, S. 198, 1898.

[27]) Zeitschr. f. phys. u. chem. Unterr. XII, S. 88—91. 1899.

Beyer, Bohn, Hahn und Schiemenz am Dorotheenstädtischen Realgymnasium in Berlin 1892—1901 abgehaltenen Übungen nach Zeitaufwand, Teilnehmerzahl und Gruppenbildung ist im zitierten Jahresbericht Schwalbes vom Jahre 1901 genau angegeben. In ihnen betrug die Arbeitszeit meist nur 1 Stunde, und es waren jeweils nur 3 Gruppen à 3—5 Schüler, also nie mehr als 12 gleichzeitig beschäftigt. Es wird aber als wünschenswert angesehen, statt alle Wochen 1 Stunde lieber die Schüler alle 14 Tage je 2 Stunden Versuche ausführen zu lassen. Besonders hervorzuheben ist die Bemerkung: „Die Schüler benutzen die Apparate so geschickt, daß Beschädigungen recht selten vorkommen. Kochflaschen, Becher- und Reagenzgläser werden zwar häufiger, aber doch auch verhältnismäßig wenig zerbrochen." Der Vollständigkeit wegen sei, abgesehen von den schon erwähnten, noch auf die Aufsätze von Schwalbe (IV, S. 209, VI, 161), Poske (V, S. 57, 281), Noack (V, 281), Niemöller (VII, 314), Poske (X, 1897) und H. Hahn (XV, S. 109, 1902) und das Referat über die Programmschriften von Schlegel und Uhlich von 1897 im XII. Bande S. 91 der Zeitschrift für physikalischen und chemischen Unterricht hingewiesen.

Es wäre erfreulich und jedenfalls nutzbringend gewesen, wenn bereits in den neuen preußischen Lehrplänen von 1901 die allgemeine Einführung von Schülerübungen vorgesehen worden wäre; denn es spricht J. Norrenberg in der (oben S. 15) zitierten Schrift über die Geschichte der Naturwissenschaften direckt aus (S. 63), daß physikalisch-praktische Übungen „allerdings im stande wären, unsere naturwissenschaftliche Unterrichtsmethodik in ganz neue Bahnen zu lenken"; allein die wesentlichste Änderung, welche die neuen Lehrpläne brachten, besteht in der Einführung der Biologie und in stärkeren Betonung der Mineralogie, Hygiene und Meteorologie (Norrenberg S. 72); physikalische Schülerübungen sind nur, wie schon früher auch, „zugelassen".

Es ist somit in Deutschland die, wie mir scheint, prinzipiell wichtige methodische Verbesserung des physikalischen Unterrichts — in Bayern auch des chemischen — an Mittelschulen durch praktische Übungen zunächst nur an einzelnen Schulen möglich. In Bayern ist erst mit der Neugestaltung der Industrieschulen in diesen Laboratoriumsunterricht in Physik eingeführt und in den Erweiterungsbauten geeigneter Raum für die Übungen vorgesehen worden. Bild 1, das Physikalische Laboratorium der Industrieschule in München darstellend, zeigt den langgestreckten, mit den Übungsapparaten ausgestatteten Raum, der durch einige besondere Zimmer ergänzt wird. Die auszuführenden Arbeiten, sorgfältige Messungen, sind von dem Leiter derselben, Professor Em. Pfeiffer, neuerdings in Gestalt eines Leitfadens beschrieben[28]) worden; es stehen für dieselben im 2. Kurs (die Anstalt

---

[28]) E. Pfeiffer, Physikalisches Praktikum für Anfänger. Dargestellt in 25 Arbeiten. Mit 47 Abbildungen, 150 S. Teubner 1903.

ist 2 kursig für die Herren, die an die Hochschule übertreten), wöchentlich je 2 Stunden zur Verfügung. Ein allgemeines chemisches Praktikum existiert hier nicht, obgleich sich ein solches viel leichter, d. h. billiger einführen läßt als ein physikalisches und noch notwendiger ist, da chemische Vorgänge noch mehr als physikalische eine Betrachtung aus der Nähe erfordern; an der chemisch-technischen Abteilung der Industrieschule

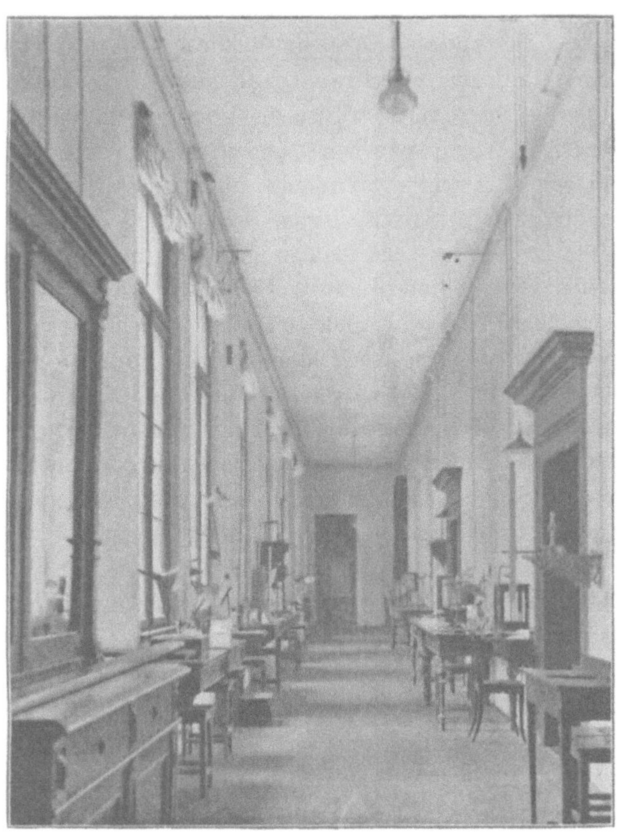

Fig. 1.
Physikalisches Laboratorium der Industrieschule München.

sind im ersten Kurs 10 Stunden, im zweiten 12 und im dritten 18 Stunden für die chemischen Laboratoriumsarbeiten angesetzt.

An Volksschulen ist weder in Norddeutschland noch im Süden von einer Selbsttätigkeit der Schüler in der Ausführung von physikalischen oder chemischen Experimenten die Rede. Doch hat Schulrat Dr. G. Kerschensteiner in München obligatorischen Handfertigkeits- und physikalischen Demonstrationsunterricht in das Volksschulprogramm aufgenommen und einfache Schülerübungen in Physik in Aussicht genommen — in sachgemäßer

Weiterentwickelung und Verwirklichung seiner „Betrachtungen zur Theorie des Lehrplanes“ [29]) (2. Auflage, Carl Gerber, München).

Während staatliche Behörden bisher der prinzipiellen Einführung von Schullaboratorien abwartend, oder wohl richtiger gesagt, ablehnend gegenüberstanden, da, wie natürlich, größere Organisationen langsamer arbeiten und mit Änderungen am Bestehenden größere Verantwortung tragen, auch größerer Geldsummen bedürfen als kleinere Institutionen, so ist dort, wo die Schulkörper kleiner, die maßgebenden Persönlichkeiten in geringerer Zahl zu entscheiden hatten und unabhängiger von außerhalb des Faches liegenden Interessen entscheiden konnten, der methodische Ausbau der praktischen Übungen mit Eifer und Erfolg betrieben worden. Wenn, wie wir später sehen werden, England und Amerika so rasch, Frankreich, Rußland und Italien erst so wenig ihren naturwissenschaftlichen Unterricht verbessert haben, so glaube ich, liegt die Erklärung dafür in der Tatsache, daß in England und Amerika die meisten Schulen entweder Privatschulen oder doch mit dem Staatsorganismus nicht so eng verschmolzen sind, daß nicht mehr der Fachlehrer allein über die Methode seines Gegenstandes entscheiden könnte. Ferner zwang das System der Privatschulen in England, das neben den Nachteilen auch die Vorteile der Konkurrenz mit sich bringt, die einzelnen Schulen dazu, den Unterricht in der besten Weise zu erteilen, sonst hätten wohl auch in diesen Ländern die *Headmasters* der Schulen sich die Kosten erspart, die eine Vervollkommnung des physikalischen Unterrichts nun einmal nötig macht.

Die freie Stadt Hamburg und die rührigen Vertreter der Naturwissenschaften daselbst, namentlich Professor Ernst Grimsehl und Oberlehrer Dr. E. Bohnert haben den physikalischen Unterricht in Deutschland sicher am weitesten und am gründlichsten entwickelt. Sowohl die Oberrealschule auf der Uhlenhorst (E. Grimsehl), als die Oberrealschule vor dem Holstentore haben außer der Sammlung und dem Hörsaale für Physik ihre Schülerlaboratorien [30]). Der ersten der beiden zitierten Schriften ist der Grundriß (Fig. 2) entnommen.

Fig. 3 gewährt uns einen Blick in das Innere des Schülerlaboratoriums von Grimsehl, das er in freundlichster Weise, ohne daß die Schüler darum wußten, für diesen Aufsatz mit Blitzlicht aufnahm; es bestimmen gerade

---

[29]) G. Kerschensteiner, „Der erste naturkundliche Unterricht“, ein Beitrag zur Unterrichtsmethode aller Schulgattungen, ist als Einzelabdruck aus der Theorie des Lehrplanes bei Gerber erschienen.

[30]) Ernst Grimsehl, Die Unterrichtsräume für Physik (mit 2 Tafeln). Beilage zum Bericht der Oberreal- u. Realschule auf der Uhlenhorst zu Hamburg über das Schuljahr 1902 bis 1903. 22 Seiten. Hamburg 1903. — F. Bohnert, Bericht über die Hilfsmittel für den physikalischen Unterricht und über die physikalischen Schülerübungen an der Oberrealschule vor dem Holstentore. Programm No. 852 mit 1 Tafel, erstattet für die Weltausstellung in St. Louis 1904. 29 S. Hamburg 1904.

10 Schüler (Unterprimaner) in 5 Gruppen zu je zweien die Verdampfungswärme des Wassers mit einfachen Mitteln.

Die Gesamtfläche, die dem Physikunterricht an der Schule auf der Uhlenhorst — ein großer Hörsaal, 11,0 × 6,66 qm für maximal 70 Schüler, ein ebenso großes Arbeitszimmer für Schülerübungen, ein großes Sammlungszimmer, 4,39 × 9,0 qm, kleines Vorbereitungszimmer, 6,00 × 3,46 qm, kleineres Sammlungszimmer, sowie eine Werkstatt, 3,0 × 3,46 qm und Arbeitszimmer für den Verwalter der physikalischen Apparate — zur Verfügung steht,

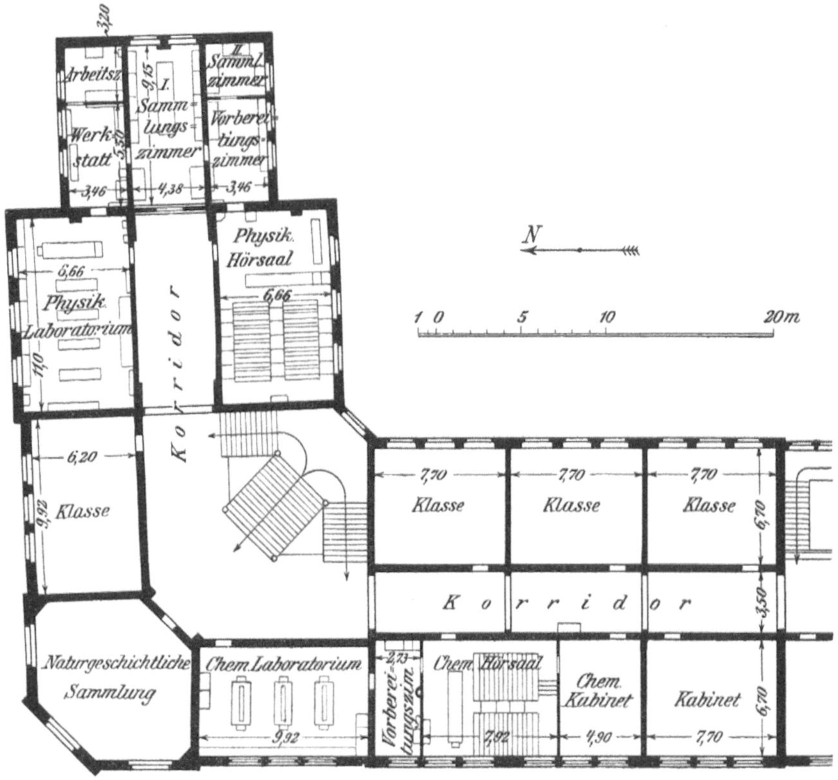

Fig. 2.
Oberrealschule auf der Uhlenhorst in Hamburg. Naturwissenschaftliche Unterrichtsräume.

beträgt 250 qm. Über die Schülerübungen äußert sich Grimsehl nur dahin, daß nach seiner Erfahrung „die Schülerübungen nicht nur das Endglied im physikalischen Unterricht sein sollten, sondern auch der Ausgangspunkt und der stetige Begleiter des demonstrativen und theoretischen Unterrichts. Er erachte die Schülerübungen als den wichtigsten Teil des physikalischen Unterrichts. Erst hier komme es den Schülern mit voller Klarheit zum Bewußtsein, daß die Erfahrung der Quell aller Naturerkenntnis sei" (a. a. O. S. 18).

Auf der Oberrealschule vor dem Holstentore wird Physik in den Mittelklassen Obertertia und Untersekunda und den Oberklassen Obersekunda, Unterprima und Oberprima in je 3 Stunden gelehrt; die Beteiligung an den Übungen im physikalischen, chemischen und biologischen Praktikum ist in das Belieben der Schüler gestellt, tatsächlich beteiligen sich an denselben sämtliche Schüler der betreffenden Klassen. Die für dieselben anberaumte Zeit gibt die folgende Tabelle.

	Unterklassen			Mittelklassen			Oberklassen		
	Sexta	Quinta	Quarta	Untertertia	Obertertia	Untersekunda	Obersekunda	Unterprima	Oberprima
Physik	—	—	—	—	3	3	3 u. 2 St. Üb.	3	3
Chemie	—	—	—	—	—	2	3	4	2 u. 2 St. Üb.
beschr. Naturwissenschaft	2	2	2	2	2	2 [1])	1 [2])	2 St. Üb.	2 [3])

[1]) Geologie. [2]) Anatomie der Pflanzen und Tiere. [3]) Tier- und Pflanzenphysiologie.

Der physikalische Lehrstoff ist auf die verschiedenen Klassen wie folgt verteilt (Bohnert a. a. O. S. 5): Obertertia und Untersekunda: Übersicht über das Gesamtgebiet der Physik. — Obersekunda: Die Wärmelehre (experimentell). Die Elemente der Mechanik. Die mechanische Wärmetheorie. Der Magnetismus. Die Elektrostatik. — Unterprima: Der Galvanismus. Die Akustik. Die Optik (Teil I). — Oberprima: Die Optik (Teil II: Interferenz, Beugung, Polarisation). Die Mechanik.

Die der Physik zu Gebote stehenden Räume an dieser von 600 Schülern besuchten Anstalt, die mit einem 9 jährigen Lehrgang wie die Gymnasien und Realgymnasien den Schülern die Grundlagen einer allgemeinen Bildung übermitteln will, sind folgende acht von zusammen 300 qm Fläche:

1. Ein Lehrzimmer für die Oberklassen . . . 7,3 × 6,3 qm Grundfläche
2. - - - - Mittelklassen . . 7,3 × 6,3 - -
3. - Apparaten- und Vorbereitungszimmer für die Ober- und Mittelklassen . . 6,0 × 6,3 - -
4. - Apparaten- und Vorbereitungszimmer für die Oberklassen . . . . . . 7,1 × 5,7 - -
5. - Wägezimmer . . . . 7,1 × 5,7 - -
6. - Praktikantenzimmer . . . . 6,4 × 5,7 - -
7. - Zimmer für den Verwalter der physikalischen Unterrichtsmittel . . . . 6,4 × 5,7 - -
8. - Dunkelzimmer . . . . 3,3 × 5,8 - -

Elektrische Energie steht mit maximal 60 Ampères und 220 Volt zur Verfügung. Der Apparatenschatz hat als Grundstock die im Normalverzeichnis für die physikalischen Sammlungen der höheren Lehranstalten (aufder 5. Hauptversammlung des Vereins zur Förderung des Unterrichts in der Mathematik und in den Naturwissenschaften, Elberfeld, Pfingsten 1896, aufgestellt) enthaltenen Gegenstände, ist aber erheblich größer.

Auf Grund seiner Erfahrungen mit den mit je 5 Gruppen à Zweien — die Gesamtzahl der Schüler ist 30 — durchgeführten Schülerübungen äußert sich Bohnert (a. a. O. S. 18) dahin: Die in den Übungen durchgeführten Betrachtungen „sind für die allgemeine Bildung des Schülers, für die Entwickelung seines Denkens, für sein Entgegenreifen zu eigener wissenschaftlicher Arbeit viel nützlicher als eine Anhäufung toter Kenntnisse in seinem Kopfe oder als das Lösen von Übungsaufgaben, deren

Fig. 3.
Schüler-Laboratorium der Oberrealschule auf der Uhlenhorst in Hamburg.

Daten er kritiklos aus der Hand des Lehrers entgegennimmt. Der Schüler bringt überdies der auf seinen eigenen Beobachtungen basierenden Aufgabe ein viel lebhafteres Interesse entgegen als irgend einem aus einer Aufgabensammlung entnommenen Thema. Endlich muß betont werden, daß die praktischen Übungen eine so klare Vorstellung von gewissen Grundbegriffen und Grundtatsachen der Physik schaffen, wie sie ohne dieselben überhaupt nicht zu erreichen ist“.

Die Handhabung der Übungen im einzelnen beschreibt Bohnert in seinem Programm in dessen zweitem Hauptteile, der ausschließlich den Schülerübungen gewidmet ist und S. 17 bis S. 29 umfaßt.

Es wären sicher noch weitere Schulen mit Schülerpraktiken zu nennen, so z. B. das R.-G. in Einbeck bei Göttingen (Dr. Stange), das R.-G. in Düren, an dem Herr Walter Schmidt Physikunterricht erteilt[31]), ferner Maschinenbau- und Fachschulen[32]), die Hamburger Einrichtungen verdienen aber vor allen die eingehendste Beachtung. In Berlin, der Mutterstätte physikalischer Schülerübungen, leiten zur Zeit die Herren H. Hahn und Bohn am Dorotheenstädtischen Realgymnasium solche trotz der Ungunst des Mangels an Raum. Der erstere wird seine Erfahrungen in einer demnächst erscheinenden Abhandlung (Sonderheft 4 der Zeitschr. f. d. physikal. Unterricht) niederlegen.

Zusammenfassend kann man sagen, daß in Deutschland, namentlich im nördlichen Teile, die Einführung der grundsätzlich wichtigen Verbesserung der naturwissenschaftlichen Unterrichtsmethode durch Selbstbeschäftigung der Schüler allmählich, jedoch langsam zunimmt und daß im selben Maße, wie die Erfahrungen mit praktischen Schülerübungen sich mehren, die Wertschätzung derselben ohne Widerspruch steigt. Im Durchschnitt bilden sie aber bei uns an den Mittelschulen noch keinen wesentlichen Teil des naturwissenschaftlichen Unterrichts, im Süden Deutschlands, wo die Schulorganisationen sogar günstiger liegen würden, sind sie leider sogar noch so gut wie unbekannt. —

Auf den deutschen Hochschulen wurde verhältnismäßig frühe der Demonstrationsunterricht mit praktischem Unterricht vereinigt. Seit Liebig 1825 in Gießen das erste chemische Laboratorium eröffnete, sind diese wichtigen Institute an den Universitäten in rascher Zahl gewachsen. Eines der ersten physikalischen Praktika war das von W. von Beetz im Jahre 1870 an der Münchener Technischen Hochschule eingerichtete. Ohne Zweifel steht auch heute noch der Laboratoriumsunterricht an deutschen Hochschulen auf einer hohen Stufe der Entwicklung, im Verhältnis zu dem anderer Länder. Die Vorlesungen werden eine Umwandlung erfahren müssen, indem sie sich vertiefen und die erkenntnistheoretisch wichtigen Lehren der Physik klarer hervortreten lassen, umsomehr, je besser der naturwissenschaftliche Unterricht an den Mittelschulen sich gestaltet; so werden sie immer neuen, guten Samen ausstreuen, während sich gleichzeitig die naturwissenschaftliche Bildung unseres Volkes, wie notwendig ist, hebt![33])

Österreich-Ungarn. In Österreich steht der naturwissenschaftliche Unterricht seit dem Organisationsentwurf von 1849 auf vergleichsweise hoher Stufe. Schülerübungen sind in Österreich noch nicht eingeführt, aber dort wie in Ungarn besteht in den maßgebenden Kreisen der Wunsch und die Absicht, solche einzuführen.

---

[31]) Vergl. Walter Schmidt, Die philosophische Propädeutik im physikalischen Unterricht. Beilage zum Programm Düren, Realgymnasium, No. 574. 17 S. 1904.

[32]) Programm der Kgl. Vereinigten Maschinenbauschulen in Dortmund 1904, S. 22.

[33]) Vergl. A. Riedler, Zur Frage der Ingenieurerziehung. Berlin, Leonhard Simion. 35 S. 1895, insbes. S. 15 u. 31. — A. Riedler, Amerikanische Technische Lehranstalten. Berlin, Simion. S.-A. aus den „Abhandlungen" S. 381—459, 1893, insbes. S. 445 u. 447.

Die Stellung der österreichischen Physiklehrer[34]) ist in folgenden, auf dem österreichischen Mittelschultag vom 7. April 1903 gefaßten Resolutionen ausgesprochen:

1. Es erscheint wünschenswert, zur Vertiefung des physikalischen Unterrichts physikalische Schülerübungen und zwar zunächst solche Übungen an einzelnen Anstalten versuchsweise einzuführen; die hohe Unterrichtsverwaltung wird daher gebeten, die Einführung solcher Übungen durch Bewilligung entsprechender Mittel etc. zu ermöglichen.

2. Im Unterricht in allen naturwissenschaftlichen Fächern ist die praktische Betätigung der Schüler anzustreben.

3. Für Lehramtskandidaten der Physik sind an den Hochschulen obligate praktische Kurse unter Mitverwendung der Mechaniker einzurichten.

Den letzten Punkt halte ich für höchst wichtig. Ich hatte die Möglichkeit, im Sommersemester 1899 als Privatdozent an der Technischen Hochschule München einen derartigen Kurs für Lehramtskandidaten abzuhalten, der von den gewöhnlichen physikalischen Praktiken gänzlich verschieden war, und fand, daß diesem Kurs von den Studierenden sehr viel Wert beigelegt wurde. Der Raumverhältnisse etc. wegen konnte ich leider derartige Übungen nicht wiederholen.

Die Entwickelung des physikalischen und chemischen Unterrichts an Mittelschulen des ***Auslandes*** zeigt für die Zeit von 1600 bis 1880 ungefähr dasselbe Bild, das wir für Deutschland und den gleichen Zeitraum gezeichnet haben: Zunächst gar kein naturwissenschaftlicher Unterricht, dann Unterricht aus einem Lese- oder Lehrbuch und im besten Falle Vorführung von Versuchen durch den Lehrer — ebenso wie wenn man es für besser hielte, Wahrheiten den Kindern zu erzählen oder aus der Ferne zu zeigen, als sie diese selbst finden zu lassen. Seit 1880 jedoch wird das Bild bei verschiedenen Nationen ein durchaus verschiedenes: England und Amerika, die Länder der raschen Tat, führen, allen andern voran, die Methode ein, die in Deutschland so oft und so frühzeitig als die beste „erörtert" und „empfohlen" worden war, aber bei uns nicht hat praktisch erprobt werden dürfen. Es scheint aber, als müßten und würden die übrigen Länder, so gut sie in der Industrie den genannten Staaten nacheiferten, auch in der Unterrichtsmethode des Gegenstandes, der die natürlichen, äußeren Grundlagen der Industrie sichert, jenen nachfolgen.

3. In ***Italien***[35]) wird ein guter demonstrativer Unterricht erteilt, aber praktische Übungen an den Mittelschulen kennt man noch nicht. In

[34]) Zeitschr. f. phys. u. chem. Unterr. 16, S. 308—310, 1903. — Physikalische Schülerübungen in Österreich; Vierteljahrszeitschrift der Wiener Vereinigung zur Förderung des physikalischen u. chemischen Unterrichts 8, S. 88, 1903.

[35]) Sehr sachgemäße Auskunft verdanke ich der großen Liebenswürdigkeit des italienischen Physikers Aug. Righi in Bologna, dem ich auch an dieser Stelle für seine freundlichen Mitteilungen herzlich danke.

den beiden obersten Kursen der Gymnasien werden die Grundzüge der Mechanik und die Akustik, Hydro- und Aerostatik, dann Wärme, geometrische Optik, physikalische Optik in Umrissen, und Elektrizität vorgetragen. Die persönliche Teilnahme der Schüler am Unterricht ist — zum Teil in Ermangelung passender Lehrbücher — auf Aufzeichnungen beschränkt, die sie nach den mündlichen Erklärungen sich anlegen und zum Studium benutzen. An den technischen Schulen ist der Physikunterricht ausgedehnter. An der Universität werden nach einer neuesten Verordnung auf Physik zwei Jahre verwendet, aber man wird wieder auf die früheren Jahreskurse zurückkommen, trotzdem sich dabei der Mißstand ergibt, daß die Studierenden nur die eine Hälfte des Lehrstoffes, der nur in zwei Jahren bewältigt werden kann, sich aneignen. Seit zwei Jahren werden auf fast allen italienischen Universitäten dreierlei Vorlesungen für Experimentalphysik abgehalten: eine für die Studierenden der Mathematik, Physik, Chemie und Ingenieurwissenschaften, eine andere für die Studierenden der Medizin und Naturwissenschaften und eine dritte kurze, von einem Assistenten besorgte, für Pharmazeuten und Veterinäre.

Für künftige Lehrer der Physik und Mathematik ist ein besonderer Kursus der mathematischen Physik eingerichtet; außerdem bereiten sich diese in einem zweijährigen Kurs speziell für das Lehramt und die Erteilung von Unterricht vor, indem sie vor ihren Mitstudenten über bestimmte Themata Vorträge halten, gelegentlich deren sie vom Professor in der richtigen Darstellung und Disposition des Stoffes angeleitet und unterwiesen werden können. Gerade dieser Kurs hat sich als sehr nützlich erwiesen. Eingehenderer praktischer Tätigkeit müssen sich nur jene Studierenden unterziehen, welche sich um die Doktorwürde in der Physik oder Chemie bewerben wollen; sie besuchen dann zwei Jahre lang das Laboratorium und haben darin unter der Leitung des Assistenten wöchentlich einen ganzen Tag darauf zu verwenden, Naturerscheinungen durch den Versuch zu studieren oder Messungen vorzunehmen. Gleichzeitig sollen diese praktischen Übungen die Lehrtüchtigkeit erhöhen. In den „praktischen“ Schulen der Ingenieure werden in zweijährigem Kurse die technisch wichtigen physikalischen Erscheinungen gelehrt.

4. Über den physikalischen Unterricht in ***Frankreich***[36]) hat F. Poske in seiner Zeitschrift für den physikalischen und chemischen Unterricht interessante Mitteilungen gemacht, zu welchen ihn der im Auftrag des Berliner Magistrats unternommene Besuch der Pariser Weltausstellung veranlaßt hatte. Darnach stand im Jahre 1900 der Physikunterricht noch auf demselben Punkte, wie zu den Zeiten von J. B. Dumas, dem berühmten Chemiker, der im Jahre 1854 Instruktionen verfaßte[37]); denn die *Instructions concernant les*

[36]) F. Poske, Bemerkungen über den physikalischen Unterricht in Frankreich. Zeitschr. f. phys. u. chem. Unterr. 13, S. 305—310, 1900.

[37]) Auszug daraus ist in der Zeitschr. f. phys. u. chem. Unterr. gegeben im 13. Bd., S. 291—294, 1900.

programmes de l'enseignement secondaire[38]) *classique* (Paris, Delalain Frères, 1899) des französischen Ministeriums des öffentlichen Unterrichts sind im wesentlichen Auszüge aus dem DUMASschen Programme. Es enthält dieses gewiß wertvolle und für alle Zeiten gültige Ansichten. Aber die zwei Hauptmerkmale des französischen Unterrichts verhinderten, daß die DUMASschen Anschauungen zu einer zeitgemäßen Verbesserung der Methode führten: zu viel Zentralisation, die mit zu wenig Freiheit Hand in Hand ging, und das Prüfungswesen, namentlich der *concours général,* ein alljährlich zwischen sämtlichen staatlichen und städtischen Anstalten stattfindender Wettbewerb; beide wirkten darauf hin, eine gedächtnismäßige Aneignung des Stoffes zu begünstigen, da brillante Leistungen im Examen eine erhebliche Gedächtnisarbeit zur Voraussetzung hatten. Die Freiheit der methodischen Behandlung, die der Sache um der Sache willen gilt, mußte darunter leiden. Einige Stellen aus den *Instructions* sind wert, hier angeführt zu werden, weil sie zeigen, daß Instruktionen allein nichts nützen, wenn nicht eine Methode anerkannt wird, die ihre Nichterfüllung schlechterdings ausschließt:

> „Im naturwissenschaftlichen Unterricht[39]) liegt der gewöhnlichste Fehler darin, daß, entgegen der experimentellen Natur der Wissenschaft, der Unterricht in dogmatischer Form erteilt wird. Das Experiment, das die Grundlage und der Nerv der Wissenschaft ist, sollte im Unterricht nicht nur als Illustration und zur Unterhaltung auftreten. In der Physik ist eine gute Darstellung der bereits erkannten Wahrheiten ohne Zweifel etwas sehr Nützliches. Noch nützlicher aber würde es sein, wenn man die Schüler in die Methode selbst einführte, die die fruchtbarste und allgemeinste von allen ist, und die darin besteht, daß richtig analysierte Tatsachen zur Grundlage sowohl, als auch zur Berichtigung und zur Bestätigung des Denkens dienen. Der Lehrer wird also seinen Unterricht der Kultur des Geistes dienstbar machen müssen; die analytische Methode ist hier die einzig anwendbare. Von wohlkonstatierten Tatsachen aus, von einfachen Experimenten, die vor den Schülern in der Stunde selbst angestellt sind, wird er zur Untersuchung komplizierterer Erscheinungen fortschreiten und mit der Feststellung des sie beherrschenden Gesetzes schließen. Er wird überdies bei einigen dafür geeigneten Fragen in zusammenfassender Darstellung den Weg aufzeigen, den der menschliche Geist gegangen ist, und die aufeinander folgenden Schritte, durch die er zur Entdeckung der wissenschaftlichen Wahrheit gelangt ist. Auf diese Weise wird sich am überzeugendsten der Einfluß erkennen lassen, den die wohlüberlegte Anwendung der experimentellen Methode auf die Entwickelung und den Fortschritt der Naturwissenschaften ausgeübt hat.“

---

[38]) Die Gliederung des französischen Schulwesens in Écoles maternelles (Kindergarten), les écoles primaires élémentaires (Volksschulen), Écoles professionelles (gewerbliche Fachschulen), Écoles primaires supérieures (Mittelschulen), École normale (Lehrerseminar) ist aus dem Schriftchen von J. Pünjer, Ein Gang durch Pariser Schulen, 41 S., Carl Meyer, Hannover, Hinüberstr. 18, 1900 kurz zu ersehen.

[39]) a. a. O. S. 292.

Und in den Ratschlägen DUMAS' heißt es:

„Man kann die Schüler mit Leichtigkeit dazu bringen, daß sie ein ganzes Lehrbuch der Chemie auswendig lernen, aber dies ist noch kein wahres Wissen; sorgt der Lehrer dafür, daß die Schüler die Wissenschaft wirklich verstehen, so werden ihre Leistungen vielleicht weniger „brillant", aber ihre Begriffe werden sicherer und dauerhafter sein. Um dies zu erreichen, muß man sie durch häufige Beispiele daran gewöhnen, selbst über die Erscheinungen nachzudenken, Schlüsse daraus zu ziehen und Folgerungen abzuleiten. Handelt es sich um grundlegende Versuche, wie die Analyse der Luft, die Verbrennung des Kohlenstoffs und Wasserstoffs, so sollte der Lehrer die ganze Kraft der Aufmerksamkeit seiner Schüler darauf konzentrieren, indem er den Verlauf der Vorgänge genau verfolgt, sie in dem Maße, wie sie sich abspielen, beschreibt, die verschiedenen Phasen vorher ankündigt, die Zwischenfälle erklärt, ohne sich doch in Einzelheiten zu verlieren."

„Will der Lehrer sich der Resultate vergewissern, die er erzielt hat, so lasse er von einem der Schüler eine Stelle aus einem chemischen Buche laut vorlesen und verlange eine Erklärung oder einen Kommentar, entweder von dem Schüler selbst oder von seinen Mitschülern. Während das Vorlegen von Fragen über chemische Gegenstände nicht immer den wünschenswerten Erfolg hat, kommt man mit diesem Verfahren immer zum Ziel. Wenn der Schüler die Begriffe, die der Text enthält, richtig auffaßt, und die zahlreichen Fragen, die sich daran anschließen lassen, richtig beantwortet, so weiß er schon viel. Wenn er im Gegenteil zögert oder sich irrt, so ist nichts geeigneter, ihn erkennen zu lassen, daß er noch erneute Anstrengungen machen muß."

In besonderer Beziehung auf den Physikunterricht warnt DUMAS vor komplizierten Apparaten:

„Ihr hoher Preis läßt in den Schülern den Gedanken nicht aufkommen, daß sie selbst sich einmal mit Physik beschäftigen könnten; sie glauben leicht, daß diese Wissenschaft denen vorbehalten sei, die über ein großes Kabinett oder ein großes Vermögen verfügen. Was kann es aber Einfacheres geben als die Mittel, mit denen Volta, Dalton, Gay-Lussac, Biot, Arago, Malus, Fresnel die moderne Physik begründet haben? Sie erreichten dieses Ziel mit so gewöhnlichen Werkzeugen, mit so geringem Kostenaufwand und durch so einfache Versuche, daß man mit Recht die Frage aufwerfen kann, ob der physikalische Unterricht den Verfertigern von Apparaten nicht zu viel Einfluß eingeräumt hat. Unmerklich hat man den Gedanken, den man dem Geist des Schülers zuführen will, zurücktreten lassen hinter dem Apparat, der nur die materielle Darstellung oder die Bestätigung des Gedankens liefern sollte. Die Professoren nehmen Anstand, eine Klasse von Erscheinungen zu behandeln, wenn ihrem Kabinette der Apparat fehlt, den die Pariser Konstrukteure für diesen Zweck erdacht haben; als ob ihre Darstellung etwas verlöre, wenn sie mit den einfachen von den Erfindern selbst ersonnenen Mitteln geschähe."

„Wir können nicht nachdrücklich genug darauf hinweisen, wie wichtig für den Unterricht ein neben dem Kabinett gelegener Arbeitsraum ist; die Lehrer der Physik sollten darauf bedacht sein, ihre Apparate zu vereinfachen, sie, wenn es nur irgend möglich ist, selbst zu konstruieren, nur einfache

Materialien dazu zu verwenden, sich bei ihren Konstruktionen den primitiven Apparaten der Erfinder anzunähern, Apparate mit mehr als einer Bestimmung, deren Beschreibung fast immer für die Schüler unverständlich bleibt, zu vermeiden."

„Auch das Streben nach zu großer Präzision ist ein Fehler. Irrig ist es z. B. zu behaupten, daß man von der Ausdehnung der Gase durch die Wärme nicht sprechen könne, ohne auf die feinen Apparate einzugehen, die zu den letzten Maßbestimmungen für diese Erscheinung gedient haben. Daß Wärme die Luft ausdehnt, ist für jedermann nützlich zu wissen; daß diese Ausdehnung für alle Gase merklich dieselbe Größe hat, muß allen unterrichteten jungen Leuten bekannt sein, denn es ist eines der schönsten Naturgesetze. Aber daß dieses Gesetz nur von beschränkter Gültigkeit sei und daß jedes Gas einen besonderen Ausdehnungskoeffizienten habe, der von einem zum andern in der dritten oder vierten Dezimale variiert, dies geht nur die Gelehrten von Beruf[40]) an."

„Es ist ratsam, auf die geschichtliche Entwickelung der wissenschaftlichen Erkenntnis einzugehen. Die Schüler werden dadurch lernen, daß man in der Physik, wie in fast allen Wissenschaften mit Ausnahme der Geometrie, sich davor hüten muß, selbst aus einem als sicher erkannten Prinzip zu weit gehende Folgerungen zu ziehen, wenn man nicht imstande ist, sie durch die Erfahrung zu prüfen und so zu bestätigen Von allen Lehren, die den Schülern gegeben werden, ist diese eine der wichtigsten."

Vielleicht mußte an diese Dumasschen Ratschläge seitens des Ministeriums erinnert werden, weil die in Frankreich geübte Demonstrationsmethode darauf hinleitete, die wichtigsten Punkte nicht genügend zu beachten. Weil diese zur Anschaffung immer kostbarerer Apparate verleitete? Denn das Normalverzeichnis physikalischer und chemischer Apparate, welches das französische Unterrichtsministerium für die Sammlungen 1900 neu herausgab[41]), enthielt teilweise sehr kostspielige Apparate, wie z. B. einen Carréschen Apparat zur Eisbereitung für 290 frs.; Foucaults Apparat für die Verwandlung von Arbeit in Wärme 450 frs.; den Apparat von Regnault für die Bestimmung der spezifischen Wärme nach der Abkühlungsmethode 275—550 frs.; Kalorimeter von Favre und Silbermann 125—390 frs.; Apparat von Depretz zur Messung der latenten Wärme des Wasserdampfes 155 frs.; Apparat von Melloni für das Studium der strahlenden Wärme 375 bezw. 800 frs. Die Summe für die Normalapparate der sogenannten kleinen Collèges, deren Mittel beschränkte sind, belief sich auf 9000 frs. (7200 M.), für die großen

[40]) Letztere Bemerkung würde heutigen Tags nicht mehr gelten, nachdem Helium als einziges noch nicht verflüssigtes Gas übrig geblieben ist, und auf grund der Tatsache, daß kein Gas, außer bei sehr kleinen Drucken, sich wie ein ideales Gas verhält, sondern jedes anders, Gasverflüssigungsmaschinen konstruiert worden sind.

[41]) Catalogue du matériel scientifique des lycées et collèges de garçons. Paris 1900. Imprimerie Nationale, 52 S. (1889 zusammengestellt von Laviéville, Dybowski, Seignette und 1900 neu bearbeitet von Dupré, Foussereau, Amaury und Dybowski.)

Collèges und Lyceen auf 32000—35000 frs. (ca. 25500—28000 M.); das Normalverzeichnis des deutschen Vereines für den mathematischen und naturwissenschaftlichen Unterricht (1896) würde nur 5000 M. im Minimalfall, das österreichische (gleichfalls nicht amtliche) für Unter- und Oberstufe 5500 bis 7400 fl., für reicher dotierte Anstalten 1500—1800 fl. mehr erfordern.

Die für Physik zur Verfügung gestellte Zeit ist nicht karg bemessen gewesen: in der klassischen (altsprachlichen) Abteilung wurde auf der obersten Stufe (*classe de philosophie*) während eines Jahres wöchentlich 5 Std. in Physik und Chemie unterrichtet; in der modernen Abteilung standen in der 3. Klasse wöchentlich 3 Stunden, in der 2. wöchentlich 4 und in der 1. Klasse (Abteilung *Sciences*) wöchentlich 4 Stunden zur Verfügung. Wie in Italien lag dem Schüler als persönliche Selbsttätigkeit nur ob, sich im Unterricht gut Notizen und Aufzeichnungen zu fertigen, was denn auch mit großem Geschick ausgeführt zu werden pflegte.

Offenbar sah man in Frankreich ein, daß die 1899 neu gewürdigten vortrefflichen Ratschläge Dumas' doch nicht genügend wirkungsvoll in die Tat umgesetzt werden können, wenn man sich nicht in der Methode des Physikunterrichts zu einer prinzipiellen Änderung entschließt, und so führte man im November 1902 auch in diesem schöngeistigen Lande an den Mittelschulen offiziell Schülerübungen ein[42]). Die Gliederung der Schulen in klassische und moderne ließ man fallen und teilte statt dessen für die letzten drei Studienjahre (*second cycle*) den Unterricht in 4 Zweige:

Sektion A mit Latein-Griechisch, als Hauptfächern.

Sektion B mit Latein und einem gründlicheren Studium der neueren Sprachen.

Sektion C mit Latein und einem gründlicheren Studium der Naturwissenschaften.

Sektion D mit Neueren Sprachen und Naturwissenschaften ohne Latein.

Die auf die Mathematik und die naturwissenschaftlichen Fächer entfallenden Stunden sind aus folgenden Übersichten (s. S. 31—33) zu entnehmen.

Für das letzte Jahr wird eine neue Einteilung: I. in eine *Classe de Philosophie* und II. in eine *Classe de Mathematique*, deren jede in 2 Sektionen zerfällt; zwischen I. und II. steht den Schülern die Wahl offen.

Man sieht also, daß in den oberen Klassen der naturwissenschaftlich ausgebildeten Zweige praktische Übungen eingeführt sind und zwar erstrecken sich dieselben auf Physik, Chemie und Naturkunde (Botanik, Herstellung von Schnitten, Untersuchung des Blutes).

---

[42]) Plan d'études et programmes d'enseignement dans les lycées et collèges de garçons. Paris, Delalain Frères. 115 Boulevard St. Germain. 212 p. 1904. Darin ist das Enseignement Secondaire auf S. 101—212 behandelt.

Drittletztes Jahr

(1. Jahr des Second Cycle, genannt Classe de Seconde).

	Sektion A	Sektion B	Sektion C	Sektion D
	Griechisch-Latein	Latein-Neuere Sprach.	Latein-Naturw.	Naturw.-Neuere Sprach.
	Stundenzahl	Stundenzahl	Stundenzahl	Stundenzahl
Französisch	3	3	3	3
Latein	4	4	4	—
Griechisch	5	—	—	—
Neuere Geschichte	2	2	2	2
Alte Geschichte	2	2	—	—
Geographie	1	1	1	1
Neuere Sprachen	2	2, 1[1]), 4[2]) } 7	2	2, 1[1]), 4[2]) } 7
Mathematik	1	1	5	5
Physik	1	1	—	—
Physik und Chemie	—	—	3	3
Prakt. Übungen in den Naturwissenschaften	—	—	2	2
Zeichnen	2	2	2, 2[3]) } 4	2, 2[3]) } 4
Geologie[4]) (12 conférences zu 1 Stunde)	—	—	—	—
Gesamte Stundenzahl per Woche	23	23	26	27

Auch vom Demonstrationsunterricht wird verlangt, daß er möglichst praktisch gehalten werden soll. Zum Belege greife ich aus den allgemeinen Anweisungen, in denen speziell auf Physik Bezug genommen ist, einige Stellen heraus:

„Der Unterricht soll die Tatsachen in moderner Gliederung vorführen; alte Apparate, Theorien ohne Interesse, Rechnungen, die mit der Wirklichkeit nichts zu tun haben, sind fallen zu lassen. Zu sehr ins Detail gehende Beschreibung der Apparate wird besser unterbleiben. Der Zweck ist nicht, die Schüler zu Fachphysikern auszubilden, sondern sie mit den großen Gesetzen der Natur bekannt zu machen und sie dahin zu führen, sich von den Vorgängen, die sie um sich herum sich abspielen sehen, Rechenschaft zu geben; von diesem Gesichtspunkte aus soll der Unterricht gleichzeitig großzügig (très élevé), möglichst einfach und durchaus praktisch sein. Mathematische Entwicklungen sind zu vermeiden, und jederzeit müssen die Ver-

---

[1]) Eine spezielle Stunde in Sektion B und D für die im Premier Cycle studierte Sprache.

[2]) 4 Stunden für die zweite Sprache.

[3]) 2 Stunden für geometrisches Zeichnen.

[4]) Für alle 4 Sektionen; es sind offenbar Exkursionen gemeint.

Vorletztes Jahr

(2. Jahr des Second Cycle, genannt Classe de Première).

	Sektion A		Sektion B		Sektion C	Sektion D
	Griechisch-Latein		Latein-Neuere Sprach.		Latein-Naturw.	Naturw.-Lebend.Sprach.
	Stundenzahl		Stundenzahl		Stundenzahl	Stundenzahl
	normal	fakultativ	normal	fakultativ		
Französisch . . .	3	—	3	—	3	3
Latein	3	—	3	—	3	—
Ergänzungsübungen zu Latein . . .	2	—	—	2	—	—
Neuere Geschichte.	2	—	2	—	2	2
Alte Geschichte . .	2	—	2	—	—	—
Geographie . . .	1	—	1	—	1	1
Neuere Sprachen .	2	—	2 1[1] 4[2] } 7	—	2	2 1[1] 4[2] } 7
Mathematik . . .	1	—	1	—	5	5
Physik	1	—	1	—	—	—
Physik und Chemie	—	—	—	—	3	3
Praktische Übungen in Naturwissensch.	—	—	—	—	2	2
Zeichnen	—	2	—	2	2 2[3] } 4	2 2[3] } 4
Stundenzahl per Woche	22	2	20	4	25	27

suche die **Grundlage bilden**; die Apparate und Hilfsmittel zur Gewinnung der Gesetze sollen möglichst einfach und sachlich sein und auf den Geist der Methoden ist mehr Wert zu legen als auf technische Einzelheiten; graphische Darstellungen sollen nicht nur die Vorgänge darstellen helfen, sondern in ihnen den hochwichtigen Begriff der Funktion und der Kontinuität lebendig werden lassen; schließlich sollen die möglichst einfach gehaltenen Berechnungen sich an tatsächliche Verhältnisse anlehnen, einen Begriff von der Größenordnung der einzelnen Erscheinungen geben und entscheiden lehren, innerhalb welcher Genauigkeitsgrenze Korrektionen einen Wert haben oder absurd sind!" *(Plan d'études, S. 119.)*

Es ist dem Lehrer keine geringe Aufgabe gestellt in diesen Anweisungen! Und vielleicht verleiten sie doch wieder zu „Zu viel Theorie" und lassen dabei die nüchterne Beobachtung und Betrachtung der Natur zu kurz kommen.

---

[1]) Eine spezielle Stunde in Sektion B und D für die im Premier Cycle studierte Sprache.

[2]) 4 Stunden für die zweite Sprache.

[3]) 2 Stunden für geometrisches Zeichnen.

Letztes Jahr

(3. Jahr des Second Cycle).

	I. Classe de Philosophie				II. Classe de Mathematique			
	Sektion A		Sektion B		Sektion A		Sektion B	
	Stundenzahl		Stundenzahl		Stundenzahl		Stundenzahl	
	normal	fakultativ	normal	fakultativ	normal	fakultativ	normal	fakultativ
Philosophie	8½[1])	—	8½[1])	—	3	—	3	—
Griechisch-Latein . . .	—	4	—	—	—	—	—	—
Latein	—	—	—	2	—	—	—	—
Neuere Sprachen . . .	—	2	1 2[2])	—	2	—	1 2[2]) } 3	—
Geschichte und Geographie	3	—	3	—	3	—	3	—
Mathematik	2	—	2	—	8	—	8	—
Physik und Chemie . .	3	—	3	—	5	—	5	—
Naturwissenschaften . .	2	—	2	—	2	—	2	—
Praktische Übungen in den Naturwissenschaften . .	—	—	—	—	2	—	2	—
Zeichnen	—	2	—	2	2[4])	2[5])	2[4])	2[5])
Hygiene (12 conférences à 1 Stunde[3]))	—	—	—	—	—	—	—	—
Gesamtzahl der Stunden per Woche	18½	8	21½	4	27	2	28	2

Der Lehrstoff für die Demonstrationen ist in den Programmen für die einzelnen Klassen genau zergliedert angegeben und beansprucht kein zu großes Interesse, da einerseits unsere bisherigen Programme so ziemlich die gleichen Pensa vorschreiben und andererseits mir das „Wie" im naturwissenschaftlichen Unterricht das Wichtigere und Schwierigere zu sein scheint als das „Was". In Bezug auf letzteres bleibt doch zum Ende die Entscheidung übrig: „so viel als eine gute Methode in der den Naturwissenschaften zugemessenen Zeit leisten kann"! Nur soll hervorgehoben werden, daß bereits in der vorletzten Klasse für alle Sektionen organische Chemie vorgeschrieben ist; die homologe Reihe, Substitutionsprodukte: Alkohol, Chloroform, Äthersalze, Glyzerin, Anilin, Pikrinsäure, Pflanzenextrakte wie Chinin, Morphin, Amygdalin sind unter den zu behandelnden Gegenständen.

[1]) 8 Stunden in einem Semester und 9 Stunden in einem Semester.

[2]) Zwischen diesen beiden können die Schulen wählen.

[3]) Fällt unter Naturwissenschaften, wenn die 4 Sektionen Philosophie (A und B) und Mathematik (A und B) vereinigt sind; sonst für Philosophie getrennt.

[4]) 2 Stunden für geometrisches Zeichnen.

[5]) Ornamentenzeichnen ist fakultativ.

Aber aus den gut durchdachten und interessanten „Ratschlägen für die praktischen Übungen in den Naturwissenschaften“ und Übungsbeispielen sollen genauere Angaben entnommen werden (a. a. O. S. 198 ff.):

„Den praktischen Übungen hat der Lehrer die größte Bedeutung *(la plus grande importance)* beizulegen. Und er hat sich ihrer Vorbereitung und Durchführung mit derselben Sorgfalt zu widmen wie den Klassenstunden. Für die Wahl der Gegenstände dieser praktischen Übungen ist ihm der weiteste Spielraum gelassen. Zum Teil wird es gut sein, die Schüler nur qualitative Versuche ausführen zu lassen; möglichst oft aber sollen Messungen vorgenommen werden, die sich allerdings auf jenen Grad der Genauigkeit beschränken sollen, der ausreicht, um den Schüler an einfachen Apparaten die Größenordnung erkennen zu lassen.

Zum Beispiel werden Versuche, wie folgende, ausführbar sein: Die Pendelgesetze zu studieren und bis auf 1 % den Wert von g zu bestimmen mittels eines Senkbleis, eines Metermaßes und einer Uhr; Bruchgewichte aus Metalldraht herzustellen; die Dichtigkeit einer Flüssigkeit bis auf 1% zu bestimmen mittels einer gewöhnlichen Flasche und einer Handelswage; das Prinzip des Archimedes mittels einer einfachen Wage und eines Meßzylinders oder eines Gefäßes mit Überlauf; den Versuch Torricellis zu wiederholen; einen luftleeren Raum mittels einer Wasserluftpumpe herzustellen; Vergleiche anzustellen zwischen der spezifischen Wärme des Wassers und jener des Messings (es bedarf dazu nur eines Glasgefäßes, eines Gewichtes und eines einfachen Thermometers); Gefrierpunkte zu bestimmen und Molekulargewichte daraus abzuleiten; ein Photometer herzustellen mittels eines Bleistifts und eines einfachen Blatts Papier als Lichtmesser; mit der Camera lucida und dem Mikroskop zu zeichnen; die Schwingungen einer Stimmgabel zu registrieren; die Kraftlinien eines magnetischen Feldes zu zeichnen (mittels Eisenspänen); einen Gegenstand auf galvanoplastischem Wege zu verkupfern; graduelle Widerstände aus Draht zu fertigen; sich derselben zu Widerstandsmessungen zu bedienen, etc. Bei dieser Behandlung würden die praktischen physikalischen Übungen weder zu teures Material noch zu wertvolle und empfindliche Instrumente erheischen, die man den Schülern in die Hand geben kann, und würden doch die nützlichste Ergänzung zu dem Unterricht des Lehrers bilden.

Chemie. Das Ziel (Zweck) der praktischen Übungen ist, die Schüler an die sorgfältige Beobachtung einiger chemischer Reaktionen zu gewöhnen, und nicht, sie zu veranlassen, komplizierte und schwer zu handhabende Apparate zu konstruieren. In kurzer Zeit eine große Zahl von Experimenten zu machen oder sie unvollendet zu lassen, wäre eine schädliche Tendenz, die unbedingt zu bekämpfen ist.

Material. Um dieses Ziel zu erreichen, hat man es für gut erachtet, daß nur ganz einfaches Material zur Verwendung komme, und selbst vorteilhaft gefunden, für diese Übungen den Gebrauch von komplizierten oder zerbrechlichen Apparaten zu verbieten, wie Schmelzöfen, Kolben, tubulierten Flaschen. Reagenzgläser in verschiedenen Größen, welche die Chemiker in den Laboratorien beständig brauchen, werden dazu dienen, Niederschläge zu erhalten und Analysen zu machen; alle Gase, die man kalt oder warm erzeugt, werden in einem Versuchsglas, versehen mit einem Abzugsrohr, hergestellt und in einem Reagenzglas aufgefangen werden können, das den Dienst einer Bürette versieht. Eine Spirituslampe oder ein Bunsenbrenner genügt reichlich zur Erhitzung. Ein Trichter, eine Porzellankapsel und einige Rührer vervollständigen das Material, das für diese praktischen Übungen vollkommen hinreicht. Auf diese Weise wird sich der Schüler daran gewöhnen, mit wenig Stoff und folglich auch gefahrlos zu operieren; er ist überdies der langwierigen Zusammenstellung von Pfropfen und Glasgefäßen enthoben, die dem Beginn jeder Übung hinderlich sein würde.

Wahl der Experimente. Ein Experiment, so einfach es auch sei, kann für den Schüler immer von Vorteil sein, wenn er es mit Sorgfalt und Verständnis ausführt. So z. B. die Wirkung von Lakmus auf Schwefelsäure durch Kalilauge aufzuheben, ist ein einfaches Experiment, das, rasch ausgeführt, wenig interessant ist. Wenn man aber den Schüler veranlaßt, die Schwefelsäure Tropfen für Tropfen mittels einer Pipette in die Kalilauge zu gießen, die Veränderung des Lackmus wohl zu beobachten, sowie das erhaltene Salz zum Krystallisieren zu bringen, so wird sich der Praktikant sehr deutlich von der sehr großen Genauigkeit dieser Neutralisation überzeugen, und der Lehrer wird mit Leichtigkeit dieses interessant gewordene Ergebnis durch Unterweisungen über die Alkalimetrie und Azidimetrie vervollständigen können. Wenn man Schwefelwasserstoff darstellt, so hat man dieses Gas sofort mittels eines Bleisalzes zu binden und es zur Herstellung der farbigen Niederschläge der Schwefelverbindungen mit Kupfer, Silber, Antimon etc. zu benutzen. Stellt man Chlorwasserstoffsäure dar, indem man in einem Probierrohr Seesalz und Schwefelsäure erhitzt, so mache man davon sogleich eine Lösung in Wasser; diese Lösung wird verwendet werden können, Niederschläge von unlöslichen Chlormetallen zu erzeugen, Chlor darzustellen etc. Bei der Bereitung von Azetylen durch Kalziumkarbid wird es notwendig sein, die Bereitung von Chlorkupfer anzufügen, das zur Bestimmung des erhaltenen Gases dienlich sein wird.

Diese wenigen Beispiele genügen als Anleitung, in welchem Sinne der Lehrer die praktischen Übungen ausführen lassen soll. In diesem Sinne gibt es eine große Menge für Schüler geeigneter, mit einfachen Apparaten ausführbarer Experimente.

Wasserstoff, Sauerstoff, Chlor, Schwefel, schweflige Säure, Ammoniak, Stickstoffsäure, Kohlengas, Kohlenoxyd geben Gelegenheit zu einer großen Menge von interessanten Experimenten.

Die Reduktion und Erzeugung der Oxyde, wie des Kupferoxyds, das Löschen des Kalkes, die Gewinnung des Gipses, die Herstellung von Alaun, die Erzeugung übermangansauren Kalis und die oxydierenden Eigenschaften dieses Salzes, das Doppeloxyd von Blei, der Niederschlag von einem Metall aus einer salzhaltigen Lösung durch ein anderes Metall, Kupfer durch Eisen, Blei durch Zink etc., sind ebensoviele Experimente, welche, der Chemie der Metalle entnommen, zu interessanten Übungen Anlaß geben. — In der organischen Chemie werden die Gärung des Alkohols, das Oxydieren des Alkohols, die Herstellung von essigsaurem Äther, die Fabrikation einer Seife, das Nitrobenzin, Pikrinsäure etc., nebst so vielen andern, Experimente liefern, welche der Schüler mit seinem einfachen Material und in dem vorher erwähnten Sinne ausführen kann.

Es wird die Aufgabe des Lehrers selbst sein, das Programm für die Experimente festzustellen, die die Schüler in den praktischen Übungen machen sollen. Die Zahl der in jeder Stunde auszuführenden Arbeiten soll beschränkt und die Aufmerksamkeit der Schüler immer wach gehalten sein durch die eingehende Beobachtung der Naturerscheinungen und durch die beständigen Fragen des Lehrers über die Abschnitte des Lehrstoffes, die sich auf die gemachten Experimente beziehen.

Wenn die praktischen Übungen in dem erwähnten Sinne abgehalten werden und der Lehrer nicht unterläßt, zahlreiche Fragen zu stellen, so werden sie eine unentbehrliche Ergänzung des Unterrichts bilden. Die Schüler werden sicher einen beträchtlichen Nutzen ziehen aus den Kenntnissen, die sie erwerben, und aus der experimentellen Geschicklichkeit, die sie sich in den praktischen Übungen aneignen.

Naturkunde. Die praktischen Übungen der Naturkunde erfordern gewöhnlich kein umständliches Material. Es wird sich leicht einrichten lassen, da es unerläßlich scheint die Schüler in die Beobachtung mit Lupe und Mikroskop einzuweihen, sie abwechselnd arbeiten zu lassen und Schülergruppen zu bilden, sodaß alle sich die in beschränkter Zahl vorhandenen Instrumente nutzbar machen können, welche die Laboratorien besitzen. Einige Beispiele werden zeigen, wie man sich diese Übungen zu denken hat, welche den Unterricht deutlicher und eindrucksvoller gestalten und die Ausführungen unterstützen sollen, die im Lehrgang auf solider Grundlage aufgebaut werden. —

Bei Gelegenheit des Unterrichts über Verdauung und Keimung könnte man künstliche Verdauungsarten ausführen lassen und z. B. die Wirkung einiger Diastasen studieren, des Speichels, der ausgewachsenen Gerste, des Magensaftes etc.

Das Studium des Blutes gibt Gelegenheit zu einer praktischen Übung: mikroskopische Untersuchung des frischen Blutes; Zeichnung des Gesehenen; spektroskopische Untersuchung des Blutes; Wirkung des Sauerstoffes auf das Blut; Untersuchung der Blutzirkulation.

Die Eigenschaften der Muskeln sind am Frosch zu studieren. Studium der Muskelverkürzung (Krampf); Wirkung der verschiedenen Reizmittel.

Wenn die Anstalt eine Registrierrolle besitzt, könnte man die Schüler auch in der Methode unterweisen, wie die einfachsten Naturerscheinungen registriert werden.

Wirkliche Zergliederung einiger einzelner Organe oder kleiner Tiere; Prüfung und Zerlegung eines in Chromsäure erhärteten Schafhirns, nebst Zeichnungen desselben; Untersuchung, Zerlegung und Darstellung der gesamten Organe eines Frosches, einer Eidechse, eines Fisches; Studium der Reflexbewegungen geköpfter Frösche.

Studium, Zerlegung vorher gequollener Samenkörner: Korn, Wunderbaum, Bohne, Eichel: Keimung, Beobachtung der verschiedenen Teile der Pflanze, der Wurzel, des Stammes, der Samenlappen.

Ausführung von Experimenten über die Bedeutung des Chlorophylls, über die Atmung der Pflanzen.

Studium des Blattes: die Unterscheidung der verschiedenen Teile des Blattes mittels dessen Zerlegung. Oberhäutchen, Rippen, Poren.

Übungen in der Zerlegung verschiedener Blüten; Herstellung des Schemas der Blüte, und Vervollständigung der Untersuchung durch Herstellung von Schnitten; Zeichnungen.

Übung im Gebrauch der Lupe durch die Beobachtung sehr kleiner Organe und Gräser, Untersuchung der verschiedenen Moosarten.

An diese praktischen Übungen müssen zur Vervollständigung einige Exkursionen angeschlossen werden."

Könnten Übungen mit ähnlichen Hilfsmitteln und ähnlichen Zielen nicht ebenso gut bei uns in Deutschland angeordnet oder wenigstens ermöglicht werden, wie sie hier in dem zentralisierten französischen Unterricht nunmehr in das Programm aufgenommen sind?

Leider läßt sich über die Erfahrungen, welche in Frankreich mit dieser wesentlichen Erweiterung des naturwissenschaftlichen Unterrichts gemacht werden, jetzt noch nicht viel sagen; die Verfügungen wurden erst im Mai 1902 getroffen und der Unterricht nach ihnen erst im November 1902 in der drittletzten Klasse, seit November 1903 in der vorletzten Klasse gegeben; in der Oberklasse wird die Neuordnung erst heuer Platz greifen. Außerdem ist, wie ich von einem maßgebenden französischen Physiker erfahre, die Organisation der Übungen noch nicht genügend fertig und eine zu plötzliche Einführung derselben mit zu großen Kosten verbunden, sodaß gegenwärtig eine Art Übergangsstadium im naturwissenschaftlichen Unterricht durchgemacht wird. Man schreibt mir aber *„en tous cas une chose très vraie c'est l'existence d'un mouvement d'opinion dans le monde universitaire en faveur d'une transformation très nette de l'enseignement de la physique et de la chimie dans le sens de développement pratique et expérimental, multiplication des expériences dans les classes et participation des élèves à cette partie expérimentale."*

Aus den Lehrbüchern, welche auf Grund der neuen Lehrordnung geschrieben wurden, Näheres zu schließen, soll hier unterlassen werden; es sind deren natürlich einige im Jahre 1903 und 1904 erschienen[43]). Einigermaßen befremdend ist, daß an den höheren Schulen Frankreichs der praktischen Tätigkeit der Schüler erst jetzt Aufmerksamkeit geschenkt wird, da

---

[43]) Ich nenne hier die Lehrbücher von J. Basin, Physique élémentaire (Acoustique, Optique, Électricité) à l'usage des élèves de la classe de troisième B. 177 S. Paris, libr. Nony et Cie., 1903, u. Physique élémentaire (Pesanteur, Chaleur) à l'usage des élèves de la classe de quatrième B. VIII u. 188 S. Paris, libr. Nony & Cie., 1903; Éléments de physique (Optique, Électricité) à l'usage des élèves des classes de première A et B (programme du 31. Mai 1902) 171 S. Paris, libr. Vuibert et Nony, 1904; Physique élémentaire (Acoustique, Optique, Électricité) à l'usage des élèves de la classe de troisième B (programme du 31. Mai 1902). 2 éd. 177 S. Paris, libr. Vuibert et Nony, 1904; sowie

E. Bouant, Cours de physique 2. (Optique, Électricité) pour la classe de première C et D. XVI S. u. S. 311—630. Paris, libr. F. Alcan, 1903, der im Verlage von Delalain frères 1903 auch Kompendien für das vorletzte und letzte Jahr (387 bezw. 588 S. hat erscheinen lassen.

der kunstgewerbliche Unterricht an den Pariser Fachschulen[44]) sehr gut und praktisch geleitet sein soll. Es wäre im Unterrichtswesen oft besser, wenn die rechte Hand wüßte, was die linke tut!

5. Schweden[45]). Die zum größten Teil staatlichen und die wenigen vom Staate unterstützten Privatschulen für höheren Unterricht *„allmänna Läroverket"* genannt, sind wie die deutschen neunklassig; nach den ersten 3 Jahren (nach Untertertia) tritt eine Bifurkation in eine klassische und eine realistische Abteilung, in der 6. Klasse (Untersekunda) eine weitere Teilung in eine „halbklassische" und „klassische" Linie. In der 4. Klasse wird naturkundlicher Unterricht (Zoologie, Botanik, Physik und Astronomie) in 3 Wochenstunden gelehrt; die Methode ist nicht weiter vorgeschrieben und bleibt ganz den Neigungen und Fähigkeiten der Lehrer überlassen, die nicht, wie in Deutschland, bestimmte Examina zu bestehen haben, ehe sie unterrichten dürfen. Als selbständiges Fach tritt die Physik erst in der 6. Klasse auf und hat[46]) in der

	klassischen Abteilung	realistischen Abteilung
6. Klasse	1 Stunde	2 Stunden
7. "	1 "	2 "
8. "	2 Stunden	3 "
9. "	2 "	3 "

zur Verfügung. Neuerdings ist von einem Komitee für den Unterricht ein besserer Abschluß nach dem 5. Jahre mit Ergänzung durch ein 6tes vorgeschlagen; die Schule bis zur 6. Klasse soll Realschule, die höheren Klassen sollen Latein- und Realgymnasium heißen; die für Naturkunde und Naturwissenschaften angesetzten Zeiten sollen erhöht werden, sodaß in der 5. Klasse unter Beibehaltung der Fächer, die früher schon eingeführt waren, Naturkunde in 4 Stunden betrieben wird und weiter nach der 5. Klasse folgende Stundenzahl auf Physik trifft:

	im Lateingymnasium	im Realgymnasium
1. „Ring" (entsprechend der 6. Klasse)	2 Stunden	3 Stunden
2. " " " 7. "	1 Stunde	2 "
3. " " " 8. "	2 Stunden	4 "
4. " " " 9. "	2 "	3 "

[44]) Einen Einblick in diese Écoles professionelles gibt L'enseignement à l'école municipale Estienne. Programme adopté par le Conseil de Surveillance, zu beziehen von der Schule. Paris, 18 Boulevard d'Italie.

[45]) Nach ausführlichen freundlichen Mitteilungen der Herren Rektor Palmgren (Stockholm), Johan Erikson (Karlskrona) und Programmen der Högre Allmänna Läroverket Å Söderalm (Latein- u. Realgymnasium), Högre Realläroverket i Stockholm (Realgymnasium), Högre Latinläroverket Å Norrmalm (Lateingymnasium), Kungl. Tekniska Högskolan i Stockholm, Malmö Tekniska Elementarskola, Palmgrenska Samskolan (Latein- u. Realgymnasium) 1902—1903.

[46]) Ausführliche Stundenpläne und eingehendere Angaben über das schwedische Schulwesen finden sich in Special Reports on Educational Subjects Education in Sweden. vol. 3, 33 Seiten, 1900; speziell S. 658 u. 659. Mittelschulen sind auf S. 643—671 behandelt.

Chemie wird in der klassischen Abteilung (mit oder ohne Griechisch) überhaupt nicht gelehrt.

Der Unterricht in Physik besteht in Demonstrationen des Lehrers, reiner Verbalunterricht findet nirgends mehr statt. Andererseits sind aber praktische Schülerübungen noch nicht eingeführt, indessen — auf die Anregung vom Auslande hin — in Ausnahmefällen z. B. an einem Realgymnasium in Stockholm erprobt und von einigen Lehrern als wünschenswert bezeichnet worden. In Chemie können in den meisten Fällen die Schüler der obersten Klassen, in denen Chemie Lehrgegenstand ist, praktisch arbeiten, soweit die Schülerzahl nur eine geringe ist. Zum Teil werden für die chemischen Übungen in anorganischer Analyse und Synthese die Unterrichtsstunden verwendet, zum Teil besondere Nachmittage fakultativ freigestellt; im Winterhalbjahr 1903/04 nahmen von den 3 Abteilungen der Oberklasse mit je 29, 29 und 27 Schülern an den Übungen in Chemie 15 bezw. 18 und 23 teil. In einem Briefe heißt es „es mag noch hinzugefügt werden, daß gegenwärtig (Winter 1903) der Vorschlag einer neuen Schulorganisation dem schwedischen Reichstag von der Regierung unterbreitet ist. Es ist zu hoffen, daß in den eventuellen neuen Lehrplänen der große erziehliche Wert der Schülerübungen gebührende Anerkennung finde.“

Die Stellung der Fachleute zur Frage der Verbesserung des Unterrichts geht aus folgenden Auszügen aus der letzten allgemeinen schwedischen Lehrerversammlung (mitgeteilt von Herrn Erikson) hervor:

> „Von sämtlichen naturwissenschaftlichen Lehrkursen gilt, daß sie, wenn sie von wirklichem Werte sein sollen, gute und reichliche Lehrmittel erfordern, sowohl in der Form von Instrumenten, Apparaten, Modellen, Naturaliensammlungen und Abbildungen, wie auch in der Form von geeignet eingerichteten Lehrzimmern. Das gilt von diesen Fächern im allgemeinen, aber besonders von dem in Rede stehenden Studium und dem in Rede stehenden Ziel für den Unterricht. Denn wenn im Gymnasium theoretische Auseinandersetzungen im Notfalle eine experimentelle Darstellung ersetzen können, so ist hier das Handgreifliche und völlig Anschauliche die einzige Möglichkeit für das Erreichen eines Resultates.“

Die allgemeinen Gründe für den Lehrplan in der Physik in den Gymnasien werden so zusammengefaßt:

> „Mehr und mehr ist das Experiment ein wesentlicher und zentraler Bestandteil des Physikunterrichtes geworden und es ist ein Hauptziel des Physiklehrers geworden, die Schüler in der Kunst des Beobachtens zu üben und ihnen eine Vorstellung von der Methode des wissenschaftlichen Forschens beizubringen.
>
> Es besteht kein Zweifel, daß im physikalischen wie im chemischen Unterricht Laboratoriumsübungen sehr nützlich sind und der Wert von solchen Übungen ist in der ausländischen pädagogischen Literatur oft hervorgehoben. Da aber physikalische Laboratoriumsübungen Lehrmittel voraussetzen, in deren Besitz unsere Schulen nicht sind, da sie ferner, wenn sie

von einiger Bedeutung werden sollen, sehr viel Zeit erfordern[47]), die nicht ohne Schwierigkeit für sie beschafft werden kann, und da sie endlich bei uns etwas Neues und Ungeprüftes sind, dürfte es wenigstens vorläufig nicht angemessen sein, sie zur Einführung in unseren Schulen vorzuschreiben.

Das Komitee ist der Ansicht, daß physikalische Rechenaufgaben, als an und für sich wenig fruchtbringend, nicht zahlreicher gestellt werden sollen, als erforderlich ist, um die Einsicht der Schüler in die durch die Aufgaben exemplifizierten Verhältnisse zu befestigen. Wohlgewählte Aufgaben sind solche, die den Schüler nötigen, sich einen physikalischen Verlauf oder eine experimentelle Anordnung zu denken, und werden namentlich im Zusammenhang mit Wiederholungen nützlich sein.

Endlich will das Komitee das Bedürfnis des Physikunterrichtes an Lehrmitteln und praktisch eingerichteten Lehrzimmern hervorheben ...."

Nach Mitteilungen der Herren Lektor Dr. Moll (Refer.) (höhere Realschule Stockholm) und Lektor Laurin (Gotenburg) über Erfahrungen, die sie mit Schülerübungen gemacht hatten, wurde zu den Lehrplanvorschlägen die Resolution gefaßt: „Die Einführung von freiwilligen Laboratoriumsarbeiten in der Physik — sc. an Mittelschulen — ist wünschenswert."

6. In Norwegen[48]) sind an allen Mittelschulen, die an die 5 jährige Volksschule anschließen und 7 Kurse umfassen, Naturwissenschaften ein obligates Fach; an den Gymnasien wurden sie bis 1900 in den 4 obersten Kursen in wöchentlich 2 Stunden, dazu Handfertigkeitsunterricht in denselben Jahren in je 2 Stunden gelehrt, nach einem neuen Plan tritt in den letzten drei Jahren eine Gabelung in realistische, sprachlich-historische und lateinklassische Linien ein mit folgender Zeiteinteilung in den 3 Kursen:

	Realistische			Sprachlich-histor.			Latein-klass. Linie		
	I.	II.	III.	I.	II.	III.	I.	II.	III.
Religion	1	1	2	1	1	2	1	1	2
Norwegisch	4	5	4	4	6	5	4	5	4
Deutsch	3	3	3	3	3	3	3	3	3
Englisch	4	2	2	4	7	7	4	2	2
Französisch	4	2	2	4	4	3	4	5	—
Latein	—	—	—	—	—	—	—	7	11
Geschichte	3	3	3	3	5	5	3	3	3
Geographie	1	1	2	1	1	2	1	1	2
Naturwissenschaften	4	5	5	4	1	1	4	1	1
Mathematik	4	6	6	4	2	2	4	2	2
Zeichnen	2	2	1	2	—	—	2	—	—
Summe	30	30	30	30	30	30	30	30	30

[47]) Demgegenüber erinnere ich daran, daß mir keine Schülerübungen an Mittelschulen — anders ist es an Hochschulen — bekannt wurden, welche eine mehr als 1 bis 2 stündige Arbeitszeit für nötig fanden; $1^1/_2$ Stunden ist sicher erfahrungsgemäß ausreichend.

[48]) Aus Special Reports on Educational Subjects, vol. 8, No. 2. Education in Norway in the Year 1900. Separat 25 S.

Über die Methode des naturwissenschaftlichen Unterrichts in Norwegen fehlen genauere Angaben; es scheinen aber Laboratorien an Mittelschulen unbekannt zu sein.

Leider bin ich auch über die in Dänemark üblichen Methoden des naturwissenschaftlichen Unterrichts nicht informiert; die *Special Reports*[49]) berichten nur über den Stand der Erziehungsfragen, wie derselbe im Jahre 1896 lag, in dem von J. S. Thornton geschriebenen Bericht *Recent Educational Progress in Denmark.*

7. Holland. Reiches Material in Wort und Bild über den naturwissenschaftlichen Unterricht in Holland verdanke ich der überaus großen Freundlichkeit des Herrn Inspektors des Realschulwesens Dr. J. Campert. Die Mittelschulen dieses Landes zerfallen in folgende drei Arten, in deren jede die Schüler im Alter von 12—13 Jahren nach erfolgreichem Besuch der gewöhnlichen Elementarschule eintreten können:

a) Gymnasien mit 6 Kursen,
b) Höhere Bürgerschule (Realschule) mit 5 jährigem Kursus,
c) Höhere Bürgerschule mit 3 jährigem Kursus und ev. sich anschließender 2 jähriger Handelsschule.

Amsterdam hat 1 öffentliches städtisches Gymnasium und 2 Privatgymnasien, 3 höhere Bürgerschulen mit 5 jährigem, 4 mit 3 jährigem Kursus, an deren eine eine öffentliche städtische Handelsschule mit 2 jährigem Kursus angeschlossen ist.

Die Gymnasien stehen noch vollständig unter dem Banne der klassischen Sprachen; an den höheren Klassen „werden zwar auch Naturgeschichte, Physik, Chemie und Kosmographie gelehrt, weil aber bei der — im ganzen Staate gleichen — Reifeprüfung aus diesen Fächern nicht examiniert wird, scheinen die Resultate dieses Unterrichts nicht überall befriedigend zu sein. „Schülerarbeiten“ kommen an den Gymnasien selten vor.

Die Organisation[50]) des Realunterrichts wurde vor 40 Jahren von dem hervorragenden Minister Thorbecke mit der ausgesprochenen Absicht entworfen, Schulen ins Leben zu rufen, in welchen junge Leute, die nicht eine wissenschaftliche Karriere einschlagen wollten, Gelegenheit fänden, sich eine solide allgemeine Bildung zu erwerben. Die 5 klassigen „höheren Bürgerschulen“, die die Schüler im Alter von 12 Jahren aus der Elementarschule weg aufnehmen, sollen diese „zu entwickelten Jünglingen ausbilden, ausgerüstet mit den Kenntnissen, welche die heutige Gesellschaft von jedem gebildeten Mann fordert“. Die Naturwissenschaften nehmen an diesen Realanstalten folgende Stellung ein, soweit die ihnen gewidmete Zeit (Stunden pro Woche) einen Maßstab gibt:

---

[49]) Special Reports on Educational Subjects, vol. I, S. 587—614. 1896—97.

[50]) Nach Briefen u. Zusendungen des Herrn Direktor Dr. Lamers u. Dr. J. Schüngel, Lehrer an der Höheren Bürgerschule in Herzogenbusch.

Stundenpläne [51]).

	Höhere Bürgerschule mit 5jähr. Kursus						Höhere Bürgerschule mit 3jähr. Kursus			
	Klassen					Summe	Klassen			Summe
	I.	II.	III.	IV.	V.		I.	II.	III.	
1. Mathematik (Wiskunde), (Rechnen, Algebra, Geometrie, Stereometrie, darstellende Geometrie, Trigonometrie)	7	7	6	4	4	28	7	6	6	19
2. Theoretische und angewandte Mechanik (Werktnigkunde) mit Maschinenlehre und Technologie	—	—	—	2—3	2	4—5	—	—	—	—
3. Physik (Natuurkunde)	—	—	2—3	3	4	9—10	—	2	3	5
4. Chemie und ihre hauptsächlichen Anwendungen (Scheikunde en practische oefening in scheikund)	—	—	—	4	6	10	—	—	2	2
5. Naturgeschichte (Natuurlijke Historie), d. i. Elem. d. Mineralogie, Geologie, Botanik, Zoologie	2	2	1	1	1—2	7—8	2	2	—	4
6. Kosmographie (Cosmographie)	—	—	—	1	1	2	—	—	—	—
7. Staatseinrichtung von Holland (einschließlich Verwaltung der Provinzen und Gemeinden)	—	—	1	1	1	3	—	—	—	—
8. Staatshaushalt und Statistik (Holland und Kolonien)	—	—	—	1	1	2	—	—	1	1
9. Geographie (Aardrijkskunde)	2—3	2	2	1	1	8—9	2	2	2	6
10. Geschichte (Geschiedenis)	3	3	3	2	2	13	3	3	2	8
11. Holländische Sprache und Literatur	4	3	3—2	2	2	14—13	4	3	3	10
12. Französische - - -	4	4	3	2	2	15	4	3	3	10
13. Englische - - -	—	4	3	2—3	3—2	12	—	4	3	7
14. Deutsche - - -	4—3	3	3	2	2	14—13	4	3	3	10
15. Elemente der Handelswissenschaft (Buchführung)	—	—	1	1	1	2—3	—	—	1	1
16. Handzeichnen	4	2	2	2	1	11	3	2	2	7
17. Linealzeichnen	—	—	1	2	2	5	—	—	1	1
18. Turnen	2	2	1	1	1	7	2	2	1	5
Summe	33	32	33	35—37	37	197—200	32	32	33	97

[51]) Nach Programma der Rijks Hoogere Burgerschool te 's Hertogenbusch 1903—1904. — Programma van het Onderwijs aan de Rijks Hoogere Burgerschool met vijfjarigen cursus te Alkmaar 1903—1904. 37 Schooljaar. — Programma der Rijks Hoogere Burgerschool met driejarigen cursus te Meppel 1903—1904. 23 e Schooljaar.

Über Methode, Inhalt und Umfang des Unterrichts in den einzelnen Fächern sind keinerlei Vorschriften gegeben, sodaß sie der Einsicht und dem pädagogischen Takt des Lehrers anheimgestellt bleiben; die Kontrolle für den Unterricht besteht in dem Abiturientenexamen, welches kein Schul- sondern Staatsexamen ist, für welches jeweils eine bestimmte Kommission aus Lehrern der verschiedenen Schulen ernannt wird; die Kommissionen stellen Prüfungsaufgaben, und die Inspektoren treffen darunter eine Wahl.

Die Absolventen der höheren Bürgerschulen haben das Recht, ihre Studien am Polytechnikum zu Delft fortzusetzen oder an der Universität die mathematisch-naturwissenschaftlichen Fächer oder Medizin und Pharmazie zu studieren; die Doktorwürde können sie nicht erlangen. Die Fragen des Abiturientenexamens (ich habe die von 1901, 1902 und 1903 vor mir) sind den bei uns in Bayern gestellten ähnlich, nur vielleicht etwas schwieriger und verlangen eine ziemliche Vertrautheit der Prüflinge mit den physikalischen und chemischen Gesetzen, wie z. B. die (1901 verlangte) Berechnung der Verschiebung des Stempels eines Gefäßes, das bei 7^0 C. mit trockener Luft gefüllt ist und auf 27^0 C. erwärmt und dann mit Wasserdampf gesättigt wird, bei gegebenem Gewicht (272 g) und Querschnitt des Stempels und Gefäßes (1 qdm), Barometerstand 768 mm, Ausdehnungskoeffizienten $^1/_{273}$ der Luft und Spannkraft des Wasserdampfes bei 27^0 C. zu 26 mm Hg; oder Bestimmung des Ausdehnungskoeffizienten der Luft und Angabe der Methode von Robert Mayer zur Berechnung des mechanischen Wärmeäquivalents, oder Joulesche Wärmeentwickelung in einem galvanischen Element — Aufgaben, die in je einer Stunde zu lösen waren.

Demgemäß ist der Inhalt des Physik- und Chemieprogrammes so groß wie an unseren bayerischen Realschulen und muß genügend reichhaltig sein, damit beim Examen „de omnibus rebus et quibusdam aliis“ gefragt werden kann; nach der Meinung holländischer Lehrer sind die Anforderungen an ihren Realschulen in Physik „bedeutend höher“ als bei uns in Deutschland. Im ersten Jahre wird eine gründliche Behandlung der Lehre von der Bewegung gegeben; ferner werden die von der Schwerkraft und den Druckkräften abhängigen Erscheinungen bei festen, flüssigen und gasförmigen Körpern besprochen. Das Thema des zweiten Jahres im Physikunterricht bilden Schwingungslehre, Schall und der erste Teil der Optik; im letzten Jahre werden der zweite Teil der Optik, Magnetismus und Elektrizität durchgenommen. Im einzelnen ist das Nähere aus dem an den höheren Bürgerschulen eingeführten Lehrbuche von Dr. J. Schüngel[52]) zu ersehen, dessen 4 Teile 1. Gleichgewicht der Bewegung von festen, flüssigen und gasförmigen

---

[52]) J. Schüngel, Leiddraad bij het ondervijs in de Natuurkunde. I. Evenwicht en Beweguug bij vaste, vloeibare en gasvormige Lichamen. Tweede Druk. 's Hertogenbosch, Firma Robijns & Co. 1901. II. Geluid.-Warmte. Tweede Druk 1902. III. Licht. Tweede Druk 1904. IV. Magnetisme en Electriciteit. 1899.

Körpern in 227 Seiten, 2. Schall und Wärme auf 223 Seiten, 3. Licht auf 160 Seiten und 4. Magnetismus und Elektrizität auf 209 Seiten darstellen.

Zur Verarbeitung des Stoffes haben die Schüler als Hausarbeit eine nicht zu einfache Aufgabe[53]) zu behandeln; diese wird dann in der Klasse besprochen.

Methode. Der Fülle des zu verarbeitenden Stoffes wegen ist der Unterricht Demonstrationsunterricht, an den sich Berechnungen anschließen und der bezweckt, dem Schüler einen Begriff von der Art und Weise wissenschaftlicher Arbeit zu geben und ihn möglichst mit eigenen Augen sehen zu lassen, indem zahlreiche Experimente vorgeführt werden.

Fig. 4.
Realschule zu Rotterdam (Physikalischer Hörsaal).

Die Sammlungen sind denn auch, nach einer großen Reihe von Photographien, die mir zugesandt wurden, zu schließen, sehr gut eingerichtet und gut dotiert, sodaß, wie mir Herr Dr. Schüngel schreibt, „die physikalischen Kabinette — wohl auf allen Schulen — so vollständig mit Apparaten und Instrumenten versehen sind, als es die experimentelle Seite des Unterrichts wünschenswert macht". Für die Anschaffung neuer Apparate stehen dem Lehrer ungefähr 300 Gulden = 510 Mark jährlich zur Verfügung.

[53]) Meist aus J. Schüngel, Natuurkundige Vraagstukken met voorbeelden van oplossing. In 4 Teilen. I., 2. Aufl., 76 S., 1901. II., 2. Aufl., 62 S., 1902. III., 2. Aufl., 43 S., 1904. IV., 1. Aufl., 64 S., 1899.

Die Figuren 4—7 sind Darstellungen aus holländischen Lehranstalten, die mir freundlichst zur Verfügung gestellt wurden.

Der experimentell-demonstrative Teil des Unterrichts braucht um so weniger vernachlässigt zu werden, als der Lehrer die Zusammenstellung der Apparate und selbst die Ausführung einfacherer Versuche nicht selbst vorzunehmen braucht; denn er kann dies dem nirgends fehlenden Amanuensis überlassen. Sache des Lehrers ist es, die Schüler das Experiment gleichsam miterleben zu lassen; „versteht er dies, so kann dadurch der Mangel von

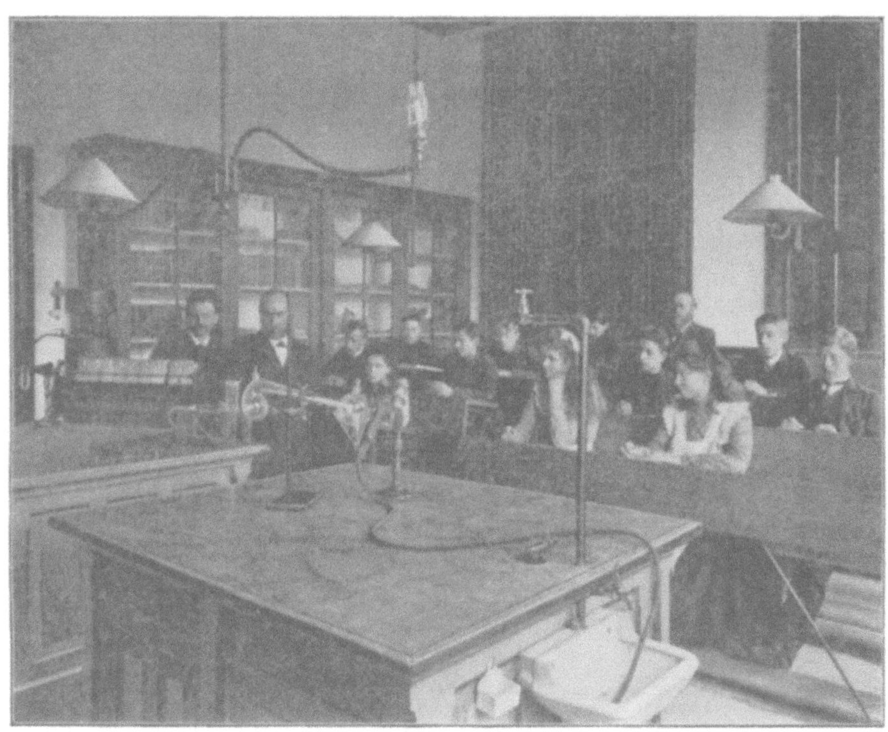

Fig. 5.
Städt. h. Bürgerschule zu Meppel (Lehrsaal mit den Schülern und Schülerinnen des 3. Kursus).

Schülerarbeiten einigermaßen kompensiert werden", wie sich Herr Dr. J. Schüngel ausdrückt. Daß auch an Raum nicht gespart wird, geht daraus hervor, daß für den Neubau der höheren Bürgerschule zu Herzogenbusch ein ausschließlich für den Unterricht in der Physik bestimmtes Klassenzimmer von 50 qm, ein Arbeitszimmer für den Lehrer von 30 qm und ein Apparatenzimmer von 50 qm, dazu ein Arbeitsraum für den Amanuensis vorgesehen sind, der mit den für Holz- und Metallarbeiten erforderlichen Hilfsmitteln reichlich ausgestattet ist.

Praktische Schülerübungen in Physik sind wohl an keiner holländischen Schule vorhanden; solange das Pensum oder die Unterrichtszeit nicht geändert wird, ist auch, wie aus dem Vorhergehenden klar ist, die Abhaltung solcher Praktika nicht möglich. Herr Dr. Schüngel hat solche schon vor 30 Jahren versuchsweise eingeführt, aber aus Mangel an Zeit und angesichts des zu bewältigenden Pensums bald aufgegeben; er meint: „wie hoch man auch den pädagogischen Wert der eigenen Arbeit anschlagen mag, man wird zugeben müssen, daß die Benutzung dieses Entwicklungsmittels mehr Zeit erfordert als man demselben unter den gegebenen Umständen" (er bezieht sich auf Holland) „zugeben kann".

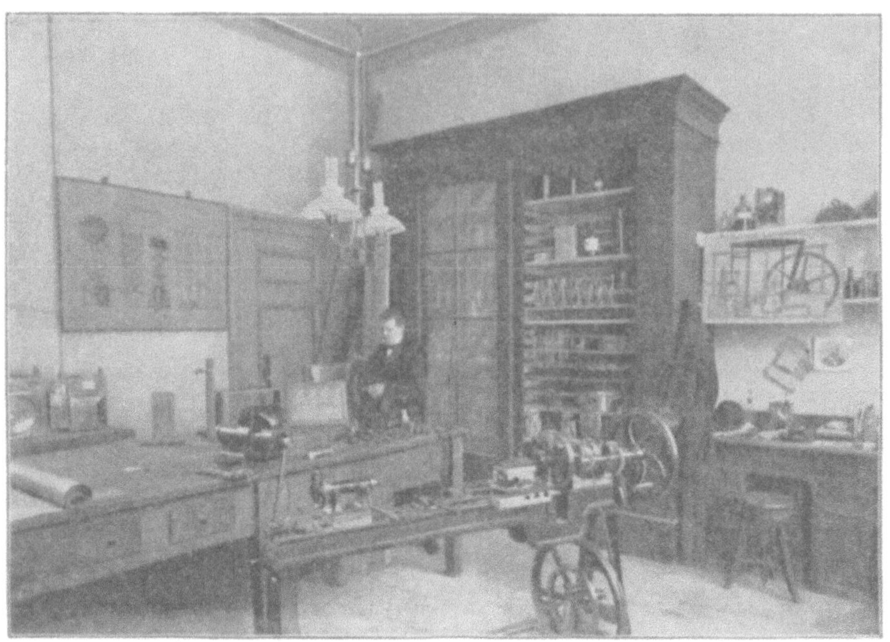

Fig. 6.
Physikal. Sammlung der hohen Bürgerschule zu Alkmaar.

In Chemie[54]) sind an den höheren Bürgerschulen Schülerpraktika in Anwendung; es werden darauf zwei von den 6 Stunden der 5. Klasse, manchmal, nämlich, wenn der Chemieunterricht statt auf die beiden obersten Klassen auf die 3 letzten Jahre verteilt ist, im 4. und 5. Kurs je eine Stunde verwendet.

Wie für Physik, ist auch für Chemie Inhalt, Umfang und Verteilung des Unterrichtsstoffes nur ganz allgemein (Gesetz von 2. Mai 1863, wet op het Middelbaar Onderwijs) vorgeschrieben und soll „Chemie und deren hauptsächliche Anwendungen" umfassen; regulierend wirkt a) eine vom Gemeinderat zu ernennende örtliche Aufsichtskommission, b) ein Inspektor

[54]) Nach freundlichen, ausführlichen Mitteilungen des Herrn Direktor Dr. A. L. Lamers aus Herzogenbusch.

(Inspecteur van het Middelbaar Onderwijs), der unmittelbar zum Ressort des Ministeriums gehört und deren es zwei für sämtliche höheren Bürgerschulen gibt, und c) das Ministerium des Innern (Abteilung für Unterricht) für staatliche Anstalten (Rijks-Schoolen) oder der Gemeinderat für städtische Schulen. Das Schulprogramm wird vom Lehrerkollegium im Anfange des Schuljahres entworfen und von den genannten Behörden genehmigt. Den wesentlichsten Einfluß übt auch auf den Chemieunterricht das in gleicher Weise wie für Physik gehandhabte Abiturientenexamen und die Rücksicht

Fig. 7.
Chem. Laboratorium der Realschule zu Alkmaar.

darauf aus, daß den Abiturienten die später ev. zu besuchenden Hochschulvorlesungen verständlich sein müssen. Es hat sich so an allen höheren Bürgerschulen das folgende Lehrprogramm für Chemie[55]) entwickelt: Allgemeine

[55]) Lehrbücher: A. J. C. Snijders, Handleiding bij het eerste onderwijs in de Qualitatieve Scheikunde Analyse. Nijmegen. Blomhert u. Timmerman. 1879. 120 Seiten.

Willem van Rijn, Handleiding bij het Qualitatief Scheikundig Onderzoek ten Gebruike op Hoogere Burgerscholen. Leiden, E. J. Brill 1899. 96 S.

G. Doyer van Cleeff, Handl. bij het Qualitatief Scheikundig Oenderzoek. I. Vijfde Druk. Utrecht, J. Bijleveld 1901. 70 Seiten. II. Derde Druk. Utrecht, J. Bijleveld 1895. 80 Seiten.

H. van Erp, Handl. bij de kwalitatieve Chemische Analyse van algemenen voorkomende Zelfstandigheden. Amsterdam, J. van Dishoeck 1900. 69 Seiten.

D. de Loos, Handl. bij de Praktische Oefeningen in de Scheikunde. Vijfde Druk. Leiden, C. van Doesburgh 1903. 52 Seiten.

Gesetze der chemischen Prozesse und die wichtigsten Theorien über die Konstitution der chemischen Verbindungen; aus der anorganischen Chemie alle wichtigeren Elemente mit ihren hauptsächlichsten Verbindungen; aus der organischen Chemie eine Übersicht über die Hauptgruppen der organischen Verbindungen, alles unter steter Rücksichtnahme auf ihr Vorkommen und ihre Bedeutung im Haushalte der Natur und ihre Verwendung im im Handel und Industrie, also mit Berührung der Gebiete der Mineralogie, Physiologie und Hygiene, Handelswaren und chemischen Technologie; die analytische Chemie behandelt hauptsächlich die qualitative Analyse von einfachen Salzen und Mineralien und einige charakteristische Methoden der quantitativen Gewichts- und Maßanalyse.

Trotzdem in Chemie Schülerübungen eingebürgert sind, wird von der „heuristischen Methode“ Abstand genommen, weil Umfang des Stoffes und Mangel an Zeit sie schlechterdings unmöglich machen. „Indessen[56]) wird doch der erziehlichen und geistentwickelnden Aufgabe des Unterrichts in der Chemie stets genügend Rechnung getragen. Der Unterricht besteht nämlich nicht in einer toten Deduktion und einem „mechanischen Einpumpen“ einer möglichst großen Masse von chemischen Begriffen, Tatsachen und Theorien, sondern er ist im Gegenteil darauf gerichtet, die Schüler fortwährend anzuleiten und anzuhalten, um an der Hand des verschiedentlich abwechselnden Experimentes scharf wahrnehmen, beobachten und kombinieren zu lernen und aus den ihnen vorgeführten Einzelerscheinungen Schlüsse zu ziehen auf die allgemeine Art und das Wesen der chemischen Vorgänge, um Begriffe und Gesetzmäßigkeiten selbst abzuleiten und zu entwickeln, um verschiedene Methoden zur Darstellung und Umsetzung von Stoffen selbständig zu finden, diese zum klaren Ausdruck in Worten und Formeln zu bringen und in verschiedentlich wechselnden Berechnungen zu entwickeln und anzuwenden. Hat der Schüler dann auch noch durch die praktischen Übungen einige Fertigkeit in der Handhabung von chemischen Stoffen und Apparaten erlangt, so darf man wohl mit Recht annehmen, daß er nicht bloß genügende Kenntnis in Chemie erworben, sondern auch an der Chemie „seinen Geist gebildet“ hat und zwar in ähnlicher Weise, „wie der Chemiker selbst dieses auch tut“.

Demnach erfreuen sich die Naturwissenschaften in Holland eines hochentwickelten Demonstrationsunterrichtes; die Schülerübungen in Chemie stellen Ergänzungen zu den Demonstrationen dar. Eine stärkere Betonung des heuristischen Verfahrens in den Übungen verbietet einerseits die Fülle des Examensstoffes und wird andererseits nicht für unumgänglich nötig gehalten.

8. Rufsland einschliefslich Finnland[57]). Der uns konservativ erscheinende Charakter Rußlands in sozialen Fragen verleitet leicht zu dem

---

[56]) Ich zitiere aus einem Bericht des Herrn Dr. Lamers.

[57]) Nach zahlreichen Mitteilungen der Herren Prof. Dr. O. Chwolson, Prof. der Univ. St. Petersburg, Dr. Neovius in Helsingfors, Dr. Pflaum in Riga, namentlich aber der Herren

Glauben, daß man in Rußland erst in letzter Linie nach Änderungen im naturwissenschaftlichen Unterricht sich umsehen dürfe, und ich habe nicht gedacht, daß in Rußland die Frage der sicher für etwas „Modernes“ gehaltenen Schülerübungen bereits praktisch angeschnitten worden sei, als ich meine Umfragen an russische Kollegen sandte. Ich sah aber bald ein, daß auch in Rußland, wie sich Herr Professor Chwolson, der Autor des bekannten ins Deutsche übersetzten Physikbuches, ausdrückte, die Schülerübungen zur Zeit eine „brennende Frage“ seien. Er schreibt mir ferner, daß praktische Übungen auf Initiative der Lehrer an vielen Schulen stattfinden; sie seien zwar nicht obligatorisch, würden aber mit großem Eifer besucht. Namentlich in einer der Petersburger Militärschulen seien die Übungen im großen Maßstabe organisiert. Fakultativ sind Schülerübungen seit einigen (5) Jahren in den meisten Realschulen und Kadettenkorps, sowie an mehreren Gymnasien St. Petersburgs eingeführt. Chemieübungen sind seit längerer Zeit an Realschulen obligatorisch, Physikübungen gelten als erwünscht.

Die definitiv und allgemein in Aussicht stehenden oder bereits vorgenommenen Änderungen sind aber neuesten Datums, und in Finnland sind Schülerübungen noch nicht versucht worden, teils weil dort für die Physik zu wenig Zeit bleibt und das Pensum — die meisten Lehrbücher umfassen 500—700 Seiten — groß ist und teils weil man dort die Übungen für zu kostspielig hält und die Lehrer früher nicht Gelegenheit hatten, sich in der Zeit ihrer Vorbereitung für den Lehrberuf genügende Gewandtheit im Experimentieren anzueignen — ganz wie bei uns! — Dabei wird an der Petersburger Universität — siehe Italien — Physik in zweijährigem Kurs à 5 Stunden gelesen!

Vereinzelt hat schon im Jahre 1887 Bruno Kolbe, der wohlbekannte Verfasser vieler Aufsätze in der Poskeschen Zeitschrift und des hübschen und klaren Büchleins: „Einführung in die Elektrizitätslehre“ [58]), an der St. Annaschule in Petersburg seine Schüler praktische Übungen vornehmen lassen und hat dieselben drei Jahre lang trotz unzureichender Mittel und Räumlichkeiten durchgeführt; äußerem Zwange nachgebend — man meinte die Zeit der Schüler würde zu sehr in Anspruch genommen — gab er sie wieder auf, um sie neuerdings, wo die Zeit die Berechtigung der Schülerübungen erwiesen hat, wieder aufzunehmen.

Den gegenwärtigen Stand der Frage des physikalischen Unterrichts an Mittelschulen in Rußland gebe ich am besten durch Auszüge aus den Briefen der Herren Indrikson und Wolfenson wieder, die so freundlich waren, mir mit eingehender Korrespondenz behilflich zu sein:

An den beiden Arten von mittleren Schulen in Rußland, dem 8kursigen

Dr. Bruno Kolbe (St. Petersburg), Theodor Indrikson (von der Kaiserlichen Universität St. Petersburg), A. Wolfenson (Warschau) u. a.

[58]) I. Statische Elektrizität. Zweite verbesserte Auflage eben neu erschienen bei Julius Springer, Berlin 1904. 164 S. II. Dynamische Elektrizität. Daselbst 1893.

Gymnasium und der 8kursigen Realschule, entfallen oder entfielen[59]) auf die Physik in den oberen Klassen 7 (= 2 + 3 + 2), bezw. 10 (= 4 + 3 + 3) Stunden. Bis vor 2 Jahren war an den Gymnasien Physik der einzige naturwissenschaftliche Lehrgegenstand, seitdem wurde die den alten Sprachen gewidmete Zeit etwas verkürzt und dafür Botanik und Zoologie neu aufgenommen. An den Realschulen ist den übrigen Zweigen der Naturwissenschaften selbstverständlich schon seit längerer Zeit breiterer Raum gegönnt.

Bestehende und geplante Methode. In den mittleren Lehranstalten ist der Physikunterricht zur Zeit noch hauptsächlich ein demonstrativ-didaktischer, d. h. der Lehrer erklärt und erläutert durch Experimente. Eine wichtige Rolle spielt bei der Aneignung des Stoffes die Lösung von Aufgaben seitens der Schüler. Der Nutzen und sogar die Notwendigkeit praktischer Übungen der Schüler in physikalischen Kabinetten ist im Prinzip schon im Jahre 1899 von der Versammlung von Lehrern der Physik in Moskau anerkannt worden. Im Jahre 1902 nahm die Versammlung von Lehrern der Physik in Petersburg nach dem Referat des Lehrers der Physik im Mariapolschen Gymnasium Kustowski über praktische Arbeiten der Schüler des gen. Gymnasiums unter seiner Anleitung folgende Resolution an[60]): „Die Versammlung hält die Einführung praktischer Arbeiten in der Physik in allen Lehranstalten für notwendig.“ Die Majorität der Versammlung sprach sich für fakultativen Charakter der Arbeiten aus. Aber bis jetzt haben im Laufe dieser Zeit nur einzelne Lehrer den Versuch gemacht, derartige Übungen regelrecht vorzunehmen.

Im Warschauer Bezirk sind an folgenden Anstalten Übungen abgehalten worden:

1. An der Warschauer Realschule unter Leitung des Herrn Rostonjen. Die Arbeiten bestehen in Messungen. (Der Bericht über sie ist abgedruckt in der Physik. Rundschau 1901.)

2. An der Kommerzschule in Lodz unter Leitung des Herrn Spatschgeski: Die Schüler fertigen nach der Weisung des Lehrers z. B. einen Stromunterbrecher originaler Konstruktion für den Induktor einer elektromagnetischen Kanone u. s. w. (Der Bericht hierüber ist im Journal „Nachrichten über Experimentalphysik und element. Mathematik“ Odessa 1903 abgedruckt.)

3. Am Gymnasium zu Lodz unter Leitung von Wolfenson: Diese Arbeiten bestanden in Messungen, wie auch in der Wiederholung und Entwicklung der in der Klasse angestellten Experimente; so wiederholen z. B. alle Schüler die Experimente über die Wirkung des Entladungsstromes der Leydener Batterie, einige, die es wünschten, stellten an der Batterie Messungen der

---

[59]) An mehreren Schulen wurden in letzterer Zeit die Physikstunden vermehrt.

[60]) Eine Übersetzung des Auszugs aus einem Berichte des Herrn Indrikson, sowie des Berichtes selbst folgt unten.

Kapazität an. (Ein Bericht hierüber ist in den „Nachrichten über Experimentalphysik" Odessa 1902 abgedruckt.)

Einen sehr interessanten Versuch macht in diesem Lehrjahre die Hauptverwaltung der Kriegsschulen. Anstatt nämlich den Kursus wie gewöhnlich im Laufe von drei Jahren in der V., VI. und VII. Klasse bei drei wöchentlichen Stunden in jeder Klasse durchzunehmen, wird die Physik in den 3 Kadettenkorps, dem 1. in Petersburg, dem Pskowschen und dem Donschen, in zwei konzentrischen Kreisen betrieben und zwar wird der ganze Kursus in einen vorbereitenden für die III. und IV. Klasse (je 1 Stunde wöchentlich) und einen systematischen für die V. Klasse (2 Stunden wöchentlich), für die VI. und VII. (je 3 Stunden in der Woche) geteilt.

In den Instruktionen, die für den Versuch eines solchen Unterrichts erteilt sind, werden folgende Punkte als besonders wichtig bezeichnet: „Der vorbereitende Kursus hat zum Zweck, allmählich und zur rechten Zeit dem Schüler den Stoff einzuprägen, welcher zu Verallgemeinerungen nötig ist, die während des systematischen Kursus gemacht werden. Das Hauptziel des vorbereitenden Kursus ist, in den Schülern das Interesse für Beobachtungen wachzurufen und in ihnen Fertigkeit, sowie Verständnis für dieselben zu entwickeln. Die Schüler sollen ihre Kenntnisse aus Beobachtungen und aus Experimenten schöpfen, aber nicht aus Büchern oder Erzählungen des Lehrers. Die Methode des Unterrichts praktischer Arbeiten der Schüler in physikalischen Laboratorien und Lösung von Aufgaben ist die richtigste, mittels deren sich der Schüler den Stoff mit Erfolg zu seinem Eigentum machen kann. Der Umfang der Kenntnisse, die sich alle Schüler aneignen müssen, braucht nur ein geringer zu sein. Sollten sich aber in einer Klasse sehr begabte und geistig entwickelte Schüler finden, so kann der Lehrer dementsprechend seine Forderungen erhöhen. Man muß die individuellen Neigungen der Schüler berücksichtigen. Den Schülern, die sich ganz besonders für die Physik interessieren, muß der Lehrer Bücher zum Studieren angeben und schwierigere praktische Arbeiten und Aufgaben geben."

Die Arbeiten sind für alle Schüler obligatorisch und werden mit einfachen und recht durablen Apparaten ausgeführt, da das Ziel solcher Arbeiten Beobachtungen und einfachste Messungen sind. Die Schüler arbeiten 3 Stunden in Gruppen zu 2 unter Leitung eines Lehrers, 10—14 zu gleicher Zeit.

In der allerletzten Zeit werden bei Bau von neuen Schulgebäuden physikalische Kabinette eingerichtet, ohne Kosten zu sparen. So ist z. B. im Petersburger dritten Gymnasium ein physikalisches Laboratorium und, mit ihm verbunden, ein Auditorium eingerichtet mit allen in technischer Beziehung notwendigen Mitteln: Die Bänke sind treppenartig aufgestellt, ein chemischer Ofen ist vorhanden, ein Experimentiertisch nach Weinhold ist aufgestellt, die Fenster können vollständig verdunkelt werden, Wasser, Gas und Elektrizität sind zugeführt. Die ganze Einrichtung, zusammen mit Projektionsapparat, soll ca. 5000 Mark kosten.

Viel tragen zur Förderung des physikalischen Unterrichts Vereine von Lehrern der Physik, Mathematik und der Naturwissenschaften bei. Solche Vereine werden in letzter Zeit auch in den Städten gegründet, die keine Universität haben, z. B. Poltawa, Nisni Nowgorod; ihr Zweck ist: die Lehrer sollen miteinander ihre Gedanken austauschen, und es sollen Experimente mit neuen Apparaten vorgeführt und Referate über die neuesten Fortschritte der Wissenschaft gehalten werden. Der Warschauer Verein von Lehrern der Physik und Mathematik ist im Jahre 1900 auf Veranlassung des Professor Silow gegründet worden, der sein Laboratorium in der Universität den Lehrern der mittleren Lehranstalten zugänglich gemacht und ihnen somit die Möglichkeit gegeben hat, mit der Wissenschaft in Konnex zu bleiben. Ehrenpräses des Vereins ist der Kurator des Lehrbezirks.

Im vorigen Jahre wurde auf Initiative des Vereins eine Versammlung von Lehrern der Physik und Mathematik des Warschauer Lehrbezirks veranstaltet, in der manche wichtige didaktische Frage behandelt und über neuere Ergebnisse der Forschung vorgetragen wurde.

Auszug aus dem im III. Band der „Physitscheskoje Obosrenije“ 1902 abgedruckten Bericht von F. N. Indrikson über den Kongreſs von Lehrern der Physik des St. Petersburger Lehrbezirks, der vom 2. bis zum 10. Januar in Petersburg tagte.

„M. J. Kustowsky berichtet über physikalische Schülerübungen im Knabengymnasium zu Mariapol. Die Schüler jeder Klasse werden in vier Gruppen geteilt. An einem Tage beschäftigen sich die zwei ersten Gruppen aller Klassen, am folgenden die andern zwei Gruppen. Außerdem wurde jede Gruppe (von je 20 Schülern) in zwei Unterabteilungen à 10 geteilt. Die erste Abteilung arbeitet von 6—8 Uhr abends, die zweite von 8—10 Uhr, sodaß im Laufe von zwei Wochen jeder Schüler einmal an den praktischen Übungen teilnimmt. Da jeder Schüler wußte, an welchem Tage er an die Reihe kam, so wurde eine Störung in den häuslichen Präparationen vermieden. Die Arbeiten sind obligatorisch, doch haben sich die Schüler nie über eine Überbürdung beklagt. Im Gegenteil, sie arbeiteten sehr gern und waren eifrig bemüht, ihre Sache möglichst gut zu machen. Ungeachtet der kleinen Zahl von Arbeitsstunden (im Lauf von zwei Wochen zwei Stunden) führte sogar von den Schülern der VI. Klasse ein jeder 15 Arbeiten aus. Die Einrichtung des Arbeitsraumes ist eine sehr einfache. Gewöhnliche Tische und Wiener Stühle. An jedem Tisch arbeiten zwei Mann. In demselben Zimmer werden auch die Physikstunden erteilt. Von Apparaten wurden dieselben benutzt, die während des Unterrichtes zu den Demonstrationen gebraucht werden. Die Mehrausgabe für diese Schülerübungen beträgt ungefähr 150 Rbl. (= 324 M) jährlich.

Nachdem M. J. Kustowsky ein längeres Verzeichnis aller der Arbeiten verlesen hat, die von ihm den Schülern der VI., VII und VIII. Klasse gestellt worden, entspinnt sich eine lebhafte Debatte über den Wert und die

Bedeutung physikalischer Schülerübungen. Die Versammlung kommt zu dem Schluß, daß die Einführung dieser Arbeiten in alle Lehranstalten sehr wünschenswert ist und dafür besondere Summen ausgeworfen werden müßten."

Ich möchte auch den Bericht von F. N. Indrikson selbst in extenso mitteilen, da er ein gutes Bild von der gegenwärtigen Sachlage gibt und die letzte ausführliche russische Publikation über die wichtige Frage des naturwissenschaftlichen Unterrichts darstellt.

Über die physikalischen Schülerübungen im Mayschen Gymnasium zu St. Petersburg.

(Bericht von F. Indrikson auf der Versammlung von Lehrern der Physik und Kosmographie, die am 9. Oktober 1903 im pädagogischen Museum zu St. Petersburg stattfand.)

In einer Versammlung von Lehrern der Physik erscheint es mir unnötig, mich über den Nutzen physikalischer Schülerübungen auszulassen. Es kann keinem Zweifel unterliegen, daß sich unsere Schüler den Lehrstoff bedeutend besser aneignen, falls ihnen Gelegenheit geboten wird, selbst Versuche anzustellen. Hierbei lernen sie Apparate kennen, die ihnen bis dahin nur nach Abbildungen und Beschreibungen bekannt waren. Hier sind sie selbsttätig! Und ohne Schaden können dann auch im Klassenunterricht manche Demonstrationen fortfallen, die sich zu objektiver Beobachtung weniger eignen.

Obwohl ich nun keineswegs der Ansicht bin, daß die physikalischen Schülerübungen im Mayschen Gymnasium als mustergültig zu betrachten sind, habe ich mich doch entschlossen, hier über dieselben Bericht zu erstatten. Denn wie mir scheint, dürften für Sie allein schon die Umstände von Interesse sein, dank welcher mir die Einführung solcher Arbeiten erleichtert wurde. Bei Klassen von 30—50 Schülern ist es bei 2—3 wöchentlichen Physikstunden ganz unmöglich, die Schüler in einer dieser Unterrichtsstunden praktische Übungen ausführen zu lassen. Ist es schon in jedem Lehrfach recht schwierig, eine solche Zahl von Schülern im Laufe zweier Monate so durchzufragen, daß man sich über die Leistungen des einzelnen ein Urteil bilden kann, ohne dabei die Durcharbeitung und Erklärung des wissenswerten Stoffes zu vernachlässigen, so gestaltet sich die Sache noch weit schwieriger, falls hier in der Physik noch Experimente hinzukommen. Unter solchen Umständen lassen sich die Schülerübungen, wie das auch in vielen unserer Gymnasien geschieht, nur außerhalb der gewöhnlichen Unterrichtszeit veranstalten. Die Zahl der unter der Leitung eines Lehrers arbeitenden Schüler dürfte die Zahl 20 nie überschreiten, da es im anderen Fall sehr schwer wird, allen die nötigen Anleitungen und Erklärungen zu geben. In stark besetzten Klassen können daher nicht alle Schüler gleichzeitig arbeiten und der Lehrer müßte also seine eigenen Arbeitsstunden, infolge der unumgänglich notwendigen Teilung der Praktikanten in Gruppen, sehr stark vermehren. Alle diese Umstände fallen im Gymnasium von May fort. Jede Klasse zählt nur ungefähr 12—15 Schüler. Infolgedessen ließ sich in der VII. Klasse eine Lehrstunde zu praktischen Übungen verwenden und zwar wurde hierzu die Zeit von 2—3 Uhr verwendet, da dann einzelne Schüler auch nach Schluß des Unterrichtes in der Schule ihre Arbeit beenden können. In der VIII. Klasse wird mit den physikalischen Schulübungen im Schuljahre 1903/04 begonnen werden.

Was die von den Schülern bei ihren Arbeiten erzielten Resultate betrifft, so muß ich betonen, daß mich gerade sehr günstige Resultate am wenigsten befriedigen. Experimentalfehler sind bekanntlich nicht zu vermeiden. Ein tadelloses Resultat aber zeigt ganz deutlich, daß zwei Fehler begangen wurden, die einander aufgehoben haben. Und daran ändert natürlich nichts, daß der Schüler in solchen Fällen meist stolz darauf ist, daß ihm die Sache genau so gelungen ist, wie es im Buche steht. Ist dagegen das Resultat kein ganz einwandfreies, dann gilt es, in Gemeinschaft mit dem Schüler festzustellen, worin das Unzulängliche seiner Arbeit bestand, inwiefern er selbst die Schuld trägt und inwiefern der Apparat ungenau gezeigt. Dieses Aufsuchen der Fehlerquellen halte ich für ungemein wichtig. Hierbei lernt der Schüler richtig überlegen, die wahren Ursachen erkennen und ihren Einfluß auf das Endresultat abschätzen. Das aber hat seinen großen allgemein bildenden Wert. Zugleich weise ich noch auf folgendes hin. Ein einigermaßen zuverlässiges Resultat kann nur erhalten werden, falls wir aus sehr vielen Beobachtungen das arithmetische Mittel ziehen. Natürlich wäre es von Nutzen, jeden Schüler einzelne Beobachtungen mehrmals ausführen zu lassen. Allein, ganz abgesehen davon, daß die meisten Schüler nicht gern an solche Wiederholungen gehen, muß man natürlich bestrebt sein, die Praktikanten eine größere Zahl verschiedenartiger Arbeiten ausführen zu lassen, um sie mit verschiedenen Beobachtungsmethoden bekannt zu machen. Ferner lassen sich genaue Resultate nur mit sorgfältig gearbeiteten Apparaten erzielen, die natürlich viel kosten und oft recht kompliziert sind. Die Schüler mit der Einrichtung und Wirkungsweise solcher Apparate bekannt zu machen, erfordert aber viel Zeit und ist sie schließlich geschaffen worden, so kann die ungeübte Hand des Schülers doch nie so exakte Resultate zu tage fördern, wie es ein geübter Experimentator vermag.

Von den verschiedenen hier in Betracht kommenden Arbeiten habe ich hauptsächlich solche quantitativen Charakters ausführen lassen. Qualitative Aufgaben wurden nur wenige gelöst und zwar nur solche, bei denen es sich um Erscheinungen handelt, deren Verständnis entweder dem Schüler Schwierigkeiten macht oder bei denen nur eine subjektive Beobachtung möglich ist.

Auf die einzelnen Klassen wurden die Arbeiten folgendermaßen verteilt:

In der VI. Klasse: 1. Bestimmung des Vol. durch Berechnung und mit Hilfe des kubizierten Standgefäßes. 2. Bestimmung des spez. Gew. nach verschiedenen Methoden. — Die Schüler dieser Klasse arbeiteten das ganze Schuljahr hindurch in Gruppen zu je vier Mann von 3—3½ Uhr, d. i. zur gewöhnlichen Unterrichtszeit.

In der VII. Klasse: 1. Bestimmung des Gewichts der Luft. 2. Nachweis der Richtigkeit des Boyle-Mariotteschen Gesetzes. 3. Kontrolle eines Thermometers von 0 bis 100 Grad. 4. Bestimmung des Koeffizienten der scheinbaren Ausdehnung des Wassers. 5. Bestimmung des Ausdehnungskoeffizienten fester Körper. 6. Ausdehnungskoeffizient des Quecksilbers. 7. Ausdehnungskoeffizient der Luft. 8. Bestimmung der spez. Wärme nach der Mischungsmethode. 9. Schmelzpunkt von Wachs. 10. Bestimmung der Temperatur einer Spiritusflamme. 11. Schmelzwärme des Eises. 12. Verdampfung des Wassers. 13. Absolute Feuchtigkeit. 14. Relative Feuchtigkeit. 15. Gasdichte nach Dumas. 16. Fortpflanzungsgeschwindigkeit des Schalles. 17. Photometrie. 18. Brechungsexponent für Wasser. 19. Brechungsexponen tfür Glas. 20. Bestimmung des brechenden Winkels eines Prismas. 21. Bestimmung des Hauptbrennpunktes einer Linse. 22. Bestimmung des Hauptbrennpunktes eines Hohlspiegels. 23. Spektralanalyse. 24. Vergrößerung des Mikroskopes.

Trotzdem die Apparate recht primitiv waren (mehrere von ihnen wurden zuhause angefertigt) können die erzielten Resultate nicht als schlecht bezeichnet werden. So z. B. ergaben die Bestimmungen der Schüler:

1. 1 Liter Luft wiegt 1,3 g (statt 1,293); größte Abweichung 1,07 und 1,6.
2. Ausdehnungskoeffizient für Messing 19×10^{-6} statt 19×10^{-6}; größter Wert $10^{-6} \times 35$.
   für Eisen 12×10^{-6} statt 12×10^{-6}; größter Wert $10^{-6} \times 52$.
3. Spezifische Wärme von Eisen 0,116 statt 0,113.
4. Schmelzwärme des Eises 79 statt 80; größte Abweichung 63 und 105.

Die Schüler brachten den Arbeiten viel Interesse entgegen und waren, trotzdem die Übungen von 2—3 Uhr (also in der 5. Unterrichtsstunde) stattfanden, sehr eifrig tätig. Von den 24 in der VII. Klasse vorgenommenen Arbeiten war die größte Zahl, die ein Schüler bewältigte, 19. Im ganzen lösten die 12 Schüler der VII. Klasse 102 Aufgaben, was im Durchschnitt 13,5 Arbeiten pro Schüler ausmacht.

Die Erfahrungen, die man mit fakultativen Übungen in Rußland macht, sind günstige, trotzdem die äußeren Bedingungen sie stark benachteiligen; aus den Zeilen, die mir Herr Theodor Indrikson schickte, geht aber hervor, daß die russischen Lehrer mit allem Ernste und ohne Opfer zu scheuen denselben sich widmen. Und diesem Eifer wird es in erster Linie zuzuschreiben sein, daß in Rußland — Moskau, Petersburg und Warschau — so reges Leben für eine rasche Verbesserung des naturwissenschaftlichen Unterrichts pulsiert. Herr Indrikson schreibt:

„Die Ausstattung der physikalischen Kabinette der Mehrzahl der Gymnasien und Realschulen läßt viel zu wünschen übrig. Da zu den praktischen Arbeiten diejenigen Apparate angewandt werden, welche in den Kabinetten zu Demonstrationszwecken gebaut sind, so können die praktischen Arbeiten nicht systematisch durchgeführt werden. Man muß sich mit dem begnügen, was eben da ist, oder selbst Apparate bauen. Natürlich ist beim guten Willen und Können des Lehrers vieles möglich, und im allgemeinen kann man auch sagen, daß die Lehrer ihr möglichstes tun. Das Einführen praktischer Arbeiten hängt ja gleichfalls vom guten Willen des Lehrers ab. Der Lehrer ist dazu nicht verpflichtet, bekommt auch dafür keine besondere Entschädigung. In den oberen Klassen sind die Schüler von 9 bis 2 ½ Uhr beschäftigt; trotzdem erscheinen viele am

Abend zu den praktischen Arbeiten. Nach den Berichten einiger Anstalten besucht die Hälfte der Schüler die praktischen Arbeiten. Es scheint mir, daß die praktischen Arbeiten sich einbürgern werden und in einigen Jahren überall eingeführt werden. Jetzt werden neue Programme der mittleren Schulen ausgearbeitet, und die Zahl der Physikstunden soll auf 9 Stunden gehoben werden. Dann wird schon vieles mehr möglich sein als jetzt.

Ich unterrichte in einem Privatgymnasium, in welchem die Zahl der Schüler in den oberen Klassen zwischen 12 und 17 schwankt. Bei dieser Schülerzahl ist es wohl möglich, in der vorletzten (VII.) Klasse eine der drei Stunden praktischen Arbeiten zu widmen. Außerdem beschäftigen sich die Schüler der VI. Klasse einmal wöchentlich in Gruppen zu zweien $^1/_2$ Stunde. In der VIII. Klasse wird im ersten halben Jahre eine der 2 Stunden praktischen Arbeiten gewidmet. Die Schüler der VI. Klasse erlernen den Gebrauch der Wage, bestimmen das spezifische Gewicht nach verschiedenen Methoden und machen auch einige Arbeiten aus dem Gebiet der Lehre von den Kräften (im ganzen 8 Arbeiten).

In der VII. Klasse werden Messungen aus dem Gebiet der Wärme, Bestimmungen des Gewichtes der Luft, der Schallgeschwindigkeit und einige Arbeiten aus der Optik (im ganzen 24 Arbeiten) ausgeführt; in der VIII. Klasse werden einige elektrische Messungen (Stromstärke, elektrische Kapazität etc.), im ganzen 5 Arbeiten, ausgeführt.

Die Apparate, welche zu den Arbeiten dienen, sind einfach, meistens selbst zusammengestellt. Der Ausführung der Arbeit folgt eine Besprechung der Resultate, der möglichen Fehlerquellen, welche auf das Resultat einwirken können etc.

Beim Benutzen einfacher Apparate hängt das Resultat von der Arbeit und den Handgriffen des Schülers ab. Im allgemeinen sind die Ergebnisse der letzten Arbeiten der Schüler besser als die Ergebnisse der ersten, was auf eine gewisse Erfahrung im Experimentieren schließen läßt.“

In vieler Beziehung liegen die Verhältnisse in Rußland also ähnlich wie bei uns; nur scheint es mir, als würden gegenwärtig in Rußland für die Ausbildung des Physikunterrichts an Mittelschulen größere Opfer gebracht als in den meisten Staaten Deutschlands, sicher größere als bei uns in Bayern.

Auf russischen Hochschulen werden sicher für den Physikunterricht erhebliche Mittel verwendet; es sind auch an allen Hochschulen (Universitäten, Polytechniken, medizinischen, Bergwerk-, Wegebau- etc. Instituten) praktische Übungen in Physik eingerichtet, die den Stil der unsrigen zum Muster genommen haben.

Das Physikalische Institut der Universität Petersburg hat fast eine Million Mark gekostet; ein noch viel größeres wird in Moskau gebaut.

Deutsche Institute bildeten vielfach das Vorbild, und die Namen bedeutender ausländischer Physiker sind in den Immatrikulationsbüchern deutscher Hochschulen zu finden; hoffen wir, daß es uns gelingt, an der Spitze zu bleiben. Hochschulen müssen *Αἰὲν ἀριστεύειν καὶ ὑπείροχον ἔμμεναι ἄλλων*, wenn sie wirklich das Höchste sein sollen.

9. Grofsbritannien und Irland. Über England glaube ich mich hier nicht so eingehend äußern zu müssen; denn ich habe in meinem Buche[61]) über „den naturwissenschaftlichen Unterricht in England, insbesondere in Physik und Chemie" bis ins Einzelne die Punkte erörtert, die über diesen Gegenstand hier vorzubringen wären, und ich habe die große Freude erlebt zu sehen, daß jener Bericht vielfach gelesen wurde; von den Resultaten 15 jähriger Diskussion und zum Teil 20 jähriger Erfahrungen mit einer durchgreifenden praktischen Gestaltung des naturwissenschaftlichen Unterrichts habe ich dort ein wahrheitsgetreues Bild zu entwerfen versucht und über Räume, Kosten und Methoden, sowie die Lehrerausbildung und die Literatur in Zahlen,

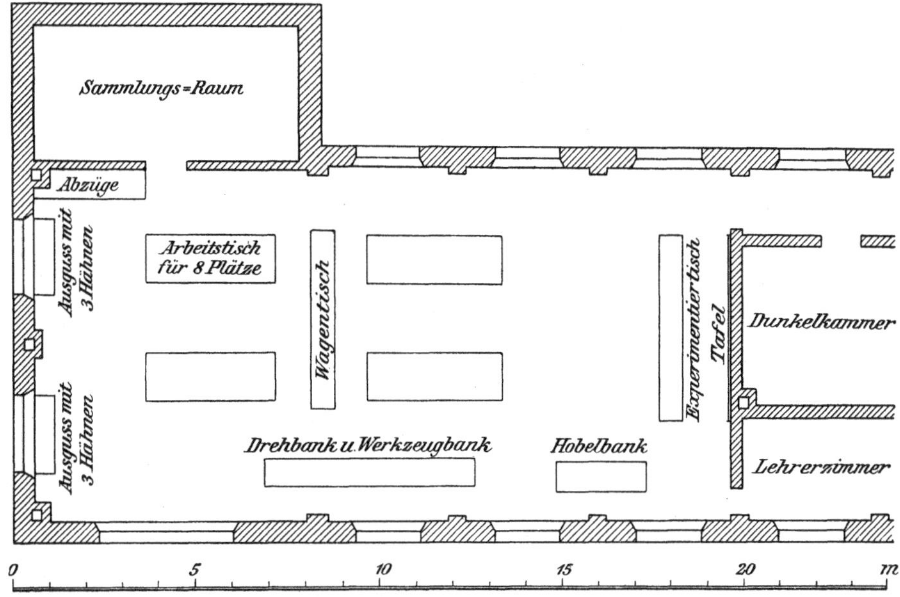

Fig. 8.
Grundriß des physikalischen Laboratoriums von Christ's Hospital, West Horsham (England).

Plänen und Bildern eine Reihe von positiven Angaben machen können, wie ich sie hier in ähnlicher Vollständigkeit für die übrigen Länder nicht mehr zu machen für nötig, für England für überflüssig halte. In den 6 Jahren, seit ich die englischen Verhältnisse während eines $^{3}/_{4}$ jährigen Aufenthaltes im Jahre 1897 und 1898/99 persönlich studierte, haben die Schülerübungen in England als ein notwendiger Bestandteil des naturwissenschaftlichen Unterrichts das Heimatsrecht erworben. Schülerübungen bilden jetzt dort den Ausgangspunkt des Unterrichts, und Demonstrationsvorlesungen oder rein thoretischer Unterricht stellen Ergänzungen dar oder bezwecken eine höhere Ausbildung der Schüler in Physik und Chemie, sodaß das Verhältnis der Übungen zu den Demonstrationen gegenüber früher genau umgekehrt wurde.

61) bei B. G. Teubner 1901. 94 S.

In *Christ's Hospital, West Horsham*[62]), einer erst 1902 eröffneten Mittelschule, wurde auf den Bau eines Physiksaales überhaupt verzichtet und nur auf Herstellung prächtiger Laboratoriumsräume Wert gelegt; die Hauptlaboratorien

Fig. 9.
Physikalisches Laboratorium von Christ's Hospital, West Horsham (England).
The „Cavendish Workshop".

Fig. 10.
Physikalisches Laboratorium von Christ's Hospital, West Horsham (England), mit Praktikanten.
The „Dalton Workshop".

[62]) Nach freundlichen persönlichen Mitteilungen des Herrn Science Master von dort, Charles E. Browne.

haben 18×10 m Grundfläche und sind 6 m hoch. Fig. 8, 9 und 10 geben den Grundriß und einen Blick in das physikalische Laboratorium.

Das physikalische Laboratorium der *Higher Grade School, Leeds*, welche ich schon in meinem Buche S. 60 erwähnte, zeigt Figur 11.

Die folgenden Abbildungen zeigen das eigene kleine Gebäude (Fig. 12), sowie das Innere des physikalischen (Fig. 13) und chemischen (Fig. 14) Laboratoriums, und die Werkstätte (Fig. 15) von *Archbishop Holgate's School York* (Rev. W. Johnson, Headmaster).

Das mechanische Laboratorium von Sidney Wells[63]), der möglichst die gleichen Apparate im Unterricht verwenden will, die in der Praxis tatsächlich verwendet werden, ist in Fig. 16 dargestellt.

Fig. 11.
Higher Grade School, Leeds (England).

Naturwissenschaften hält man für einen wesentlichen Bestandteil einer guten „allgemeinen Bildung" und Naturwissenschaften ohne Laboratorien sind nicht denkbar; folgerichtig hält man einen Unterricht, der nicht Selbsttätigkeit der Schüler mit einschließt, für nicht erzieherisch.

„The classical scholar ignorant of the laws and phenomena of nature is an uneducated man, just as is a man of science who has no knowledge of the litterature of his own and other countries" heißt es in einer Besprechung der *New Regulations of the Board of Education*[64]).

[63]) Principal of Battersea Polytechnic, London. Naturw. Unterr. a. a. O., S. 69. Vgl. sein Buch: Practical Mechanics, an elementary manual for the use of Students in Science Schools and Classes. 220 S. London, Methuen & Cie., 1898. 3 sh 6 d.

[64]) Nature 70, S. 344, 1904.

Die Methode, welche die Kommission der *British Association* 1889 verlangte, ist die praktische („*The work should be always largely practical*“); „*the improved method*[65]) *of teaching meant more laboratory accommodation, better equipment, smaller classes and an increased teaching staff*“, d. h. eine Verbesserung der Methode war gleichbedeutend mit Verbesserung der Laboratoriumsräume und ihrer Ausstattung, sowie Verkleinerung der Klassen und Vermehrung des Lehrpersonals.

Fig. 12.
Gebäude für das physikalische und chemische Schülerlaboratorium an Archbishop Holgates School, York.

Fig. 13.
Physikalisches Laboratorium der Archbishop Holgate's School, York.

Natürlich erforderte eine solche Verbesserung Geldmittel; diese wurden beschafft und dem praktischen Unterricht, „dem Knaben und Mädchen das größtmögliche Interesse entgegenbringen“, damit zum Sieg verholfen; die Durchschnittszahl der von einem Lehrer gleichzeitig Unterwiesenen ist 20. Das Anwachsen des praktischen Unterrichts zeigen die folgenden Zahlen:

65) Dr. C. W. Kimmins, Inspector of Science Teaching to the Technical Education Board of the London County Council in „The Teaching of Science in Schools“. Roberts, Education in the 19th Cent. l. c. S. 128.

Proz. derjenigen Schüler, welche theoretischen Unterricht bekamen und praktisch arbeiteten

	1893—94	1894—95	1895—96
in Physik	17,1	26,2	66,8
in Chemie	31,7	43,7	58,1.

„Gegenwärtig[66]) wird nur in sehr seltenen Fällen in öffentlichen Mittelschulen theoretischer Unterricht erteilt, der nicht mit geeigneten praktischen

Fig. 14.
Chemisches Laboratorium Archbishop Holgate's School, York.

Fig. 15.
Schülerwerkstätte an Archbishop Holgate's School, York.

Arbeiten verknüpft ist.“ Der Eifer der Schüler, etwas selbst zu finden, ist zu nutze gemacht worden und hat am meisten für die soviel wie möglich heuristische Methode gewirkt, die verhüten will, daß das Kind zu „einem Automaten wird, statt zu einem lebenden Organismus“. In der bestimmtesten Weise erklärt Kimmins die frühere rein rezitative oder wenigstens de-

[66]) Kimmins a. a. O. S. 131.

monstrative Methode für einen überwundenen Standpunkt — „*the old system is absolutely, irrevocably doomed: nothing can resuscitate it*“ — a. a. O., S. 138 und nicht ohne Grund schließt Inspektor Kimmins mit den Worten (S. 139): „Wenn man einst die Geschichte der Erziehung in England während des 19. Jahrhunderts schreiben wird, so wird die Reform des naturwissenschaftlichen Unterrichts an Schulen in den letzten Jahrzehnten an hervorragender Stelle zu erwähnen sein.“

10. Die Vereinigten Staaten von Amerika[67]). Die Entwickelung des naturwissenschaftlichen Unterrichts an den höheren Schulen in Amerika würde denselben Raum beanspruchen, wie der Unterricht in England, wenn alle die Erfahrungen angeführt werden sollten, die die gegenwärtige Gestaltung

Fig. 16.
Mechanisches Laboratorium des Battersea Polytechnic, London (Sidney Wells).

des Unterrichts in Amerika heranreifen ließen. Da aber in Amerika der Stand der Frage des naturwissenschaftlichen Unterrichts gegenwärtig fast identisch ist mit dem Stande der Dinge in England, so ist an dieser Stelle Beschränkung erlaubt und geboten. Wer das amerikanische mittlere Unterrichtswesen im einzelnen kennen lernen will, den möchte ich auf die für die Pariser Weltausstellung geschriebenen „*Monographs*[68]) *on Education in*

[67]) Vergl. F. Poske, Der Physikunterricht an den höheren Schulen der Vereinigten Staaten. Zeitschr. f. d. phys. u. chem. Unterr. 10, S. 273—283, 1897. — Special Reports on Educational Subjects l. c. vol. 10 u. 11. Education in the United States of America. 538 S. u. 612 S. London 1902.

[68]) Monographs on Education in the United States, Contributed to United States Educational Exhibit by the State of New York, Paris Exhibition 1900. Department of Education, in 3 volumes.

the United States by N. M. Butler" verweisen, deren erster Band über *Educational Organisation and Administration* das ganze Erziehungswesen vom Kindergarten bis zur Universität behandelt; der Mittelschulerziehung[69]), einschließlich der historischen Entwickelung, Stundenpläne und Methoden, sind darin 61 Seiten gewidmet. Rein mit Physik und ihrer Stellung zum gesamten Unterricht befassen sich die *Reports of the Eastern Association of Physics Teachers*, kleine Heftchen, welche die auf Versammlungen der Physiklehrer der Vereinigten Staaten gehaltenen Vorträge vollständig oder im Auszuge mitteilen; solcher Versammlungen finden mehrere im Jahre statt, sodaß den einzelnen Komitees — für Unterrichtsmethoden, für Apparate, für Neuerungen in der Physik — reichlich Gelegenheit geboten ist, einen lebhaften Austausch an Gedanken und Erfahrungen der Physiklehrer aufrecht zu erhalten. Die spezielle Zeitschrift für naturwissenschaftlichen Unterricht in Amerika ist *School Science*[70]), die im Jahre 1901 gegründet wurde und neuerdings in Ergänzungsheften „*Mathematical Supplement*" auch für einen praktischeren Betrieb der Mathematik eintritt. Auch *The School Review*[71]) bringt zuweilen mehr die Interessen der Naturwissenschaften betreffende Aufsätze. Über den jüngsten Stand des Physikunterrichts haben mich namentlich durch Korrespondenz die Herren Professor E. H. Hall der Universität Cambridge, Mass., u. Charles R. Allen in Cambridge bereitwilligst unterrichtet. Beiden verdanke ich auch eine Reihe von mir wertvollen Zusendungen, wie Programmen und Bildern von Laboratorien, Katalogen amerikanischer Firmen und Büchern. Die neuen Auflagen von Hall u. Bergen[72]) und Smith u. Hall[73]) geben die beste Einsicht in die Forderungen, welche gegenwärtig an den Physik- und Chemieunterricht gestellt werden. Und schließlich möchte ich nicht versäumen, die *Reports of the Moseley Educational Commission*[74]) zu erwähnen,

[69]) Secondary Education by Elmer Ellisworth Brown, Professor of Education in the University of California. S. 144—205.

[70]) School Science, a journal of Science-Teaching in Secondary Schools, edited by C. E. Linebarger, published monthly. Price $ 2,00 per year, 25 cts per copy. 740 Cullom Avenue, Chicago.

[71]) The School Review, a journal of Secondary Education, edited by the School of Education of the University of Chicago. The University of Chicago Press. Chicago, Ill. Außerdem gibt es noch eine Educational Review, von der ich aber nur einzelne Aufsätze kenne.

[72]) A Text book of Physics, largely experimental including the Harvard College „Descriptive List of Elementary Exercises in Physics by Edwin H. Hall, Ph. D. u. Joseph Y. Bergen M. A. Third edition revised. New York, Henry Holt and Company, 1903, 571 Seiten.

[73]) The Teaching of Chemistry and Physics in the Secondary School by Alexander Smith, Ph. D. and Edwin H. Hall Ph. D. New York, Fifth Avenue, Longmans, Green & Co., 1902. Sehr beliebt sind die Bücher von: Avery's School Physics, Gage's Introduction to Physical Science, und Carhart u. Chute's Elements of Physics in der genannten Reihenfolge (nach einer Statistik l. c.)

[74]) Reports of the Moseley Educational Commission to the United States of America, October-December 1903. 400 p. London, Cooperative Printing Society, Limited, Tudor Street, 1904; dazu gehörig: Robert Blair, Some features of American Education, Dublin, Thom & Cie., 184 S., 1904.

welche die Studienberichte einer von Moseley nach Amerika gesandten Kommission enthalten.

Den „*Statistics Concerning Instruction in Physics in Eastern Secondary Schools*[75])“ von 1899 entnehme ich folgende, für uns interessanteste Angaben, die sich auf 58 Schulen mit zusammen 24605 Schülern beziehen:

Zeitaufwand für Physik. Im Jahre 1898/99 nahmen 22 % der sämtlichen Schulen am Physikunterricht teil[76]). 83 % der Schulen verlangen in einem oder mehreren Kursen Physikunterricht von 158,7 Stunden (*periods*), das Jahr zu 38 Wochen gerechnet. In 78 % Schulen ist Physik Wahlgegenstand und in der Regel für ein Jahr mit 148,2 Stunden angesetzt. Die durchschnittliche Dauer einer Stunde (*period*) beträgt 46,9 Minuten.

51 % geben einen praktischen Vorbereitungskurs für die Harvard-Universität — siehe später — mit einer Kurszahl von 18 Schülern und 195 Perioden; 51 % aller Schüler, die an diesen Übungen teilnehmen, gehören den 5 großen Schulen in oder bei Boston an.

Verteilung der Zeit auf die einzelnen Abschnitte der Physik mit Angabe des Prozentsatzes der Gesamtzeit:

1.	Mechanik fester Körper	34 Stunden	ca. 20 %
2.	Mechanik flüssiger Körper	25 -	- 14 -
3.	Wärme	26,2 -	- 15 -
4.	Licht	28 -	- 16 -
5.	Schall (8 Schulen nehmen ihn nicht durch)	17,3 -	- 9 -
6.	Magnetismus (2 lassen ihn fort)	11 -	- 5 -
7.	Elektrizität (1 Schule läßt diesen Abschnitt weg)	37 -	- 21 -

Dabei werden 47 % der Gesamtzeit auf Laboratoriumstätigkeit verwendet. Doppelstunden sind für die Laboratoriumsarbeit nur in 8 Schulen angesetzt, doch werden sie von vielen Lehrern als Notwendigkeit erachtet.

Die durchschnittliche Zahl von gleichzeitig unter einem Lehrer arbeitenden Praktikanten beträgt 19; wenn mehr Schüler gleichzeitig arbeiten, so sind 2 Lehrer anwesend.

In den *Methods of Instruction of Physics in Secondary Schools*[77]) wird auf Grund einer Umfrage verlangt, daß an jeder Schule auf Physik wenigstens 240 Stunden und bis zu 480 Stunden treffen sollen bezw. dem Schüler zur Verfügung gestellt werden sollen.

Methode: Nach der Statistik bildete 1899 die Laboratoriumstätigkeit in 27,4 % Fällen den Ausgangspunkt des Unterrichts; in 37,2 % Fällen dienten die Übungen zur „Illustration von Prinzipien, die in den Vorträgen (*lectures*)

[75]) Compiled by a Commitee of the Eastern Association of Teachers, published by the Association 1899.

[76]) Wie in England, können die Schüler die Fächer wählen; der Übertritt zur Universität wird auf Grund eines besonderen an der Universität abgehaltenen Examens möglich.

[77]) A Committee Report to The Eastern Association of Physics Teachers, published by the Association 1900.

entwickelt oder in den Lehrbüchern dargestellt sind". 35,4 % verwenden die Übungen in beiderlei Art.

Im Jahre 1900 empfahl die Association in den *Methods of Instruction*, daß Vortrag und Demonstration (*lecture* and *demonstration*), Lektüre (*recitation*) und Laboratorium zusammen angewandt werden sollten, damit der Physikunterricht in Mittelschulen die besten Erfolge bringen könne und daß keines dieser Hilfsmittel ausschließlich dominiere, vielmehr eins das andere unterstützen solle. Die Zahl der Schüler einer Laboratoriumsabteilung solle nicht mehr wie 15 betragen.

Zeitaufwand für andere Zweige der Naturwissenschaften: Nur Chemie wird außer Physik an allen Schulen gelehrt; in 5 Fällen wird zuerst Chemie, in allen anderen zuerst Physik behandelt, ferner:

Botanik	in 82 %	der Schulen und vor der Physik	in	67,6 %	Fällen
Physiologie	- 60 -	- - - - - - -	-	87	- -
Astronomie	- 57 -	- - - - - - -	-	7	- -
Geologie	- 50 -	- - - - - - -	-	4	- -
Physik und Geographie	- 34 -	- - - - - - -	-	65	- -
Zoologie	- 45 -	- - - - - - -	-	43	- -

Außer diesen Fächern ist von 52 Schulen Mineralogie in 9, Physiographie in 10, Biologie in 6, Meteorologie und astronomische Geographie in einem Falle Lehrgegenstand.

Von mathematischen Studien gehen der Physik die Algebra mit 70 %, ebene Geometrie und Algebra mit 57 %, Stereometrie mit 4 % voran.

Inanspruchnahme der Lehrer: Die Physiklehrer sind im Durchschnitt 4,15 Stunden (*periods*) pro Tag in der Schule anwesend. Die Maximalzahl war 8, die Minimalzahl 2.

6 Lehrer unterrichten nur in Physik, 19 noch in einem weiteren Gegenstand, 15 in 2 weiteren, 3 in 3 weiteren, 2 in 4 weiteren, 1 in 5, 1 in 7 und gar einer in 8 weiteren Fächern, offenbar nicht in allen im selben Schuljahr. In 33 Fällen erteilte der Physiklehrer auch Chemie-, in 14 auch Mathematikstunden.

Laboratorien: Nur 2 Schulen berichteten 1899: „kein Laboratorium"; in dem einen Falle nahmen 290, in dem andern 310 Schüler am Physikunterricht teil.

In 47 Berichten sind die Dimensionen der Laboratorien und ihrer Nebenräume angegeben; 30 davon erwähnen einen besonderen Sammlungs- oder Vorratsraum, mit einer durchschnittlichen Größe von 258,6 Quadratfuß = 24 qm; 17 Schulen haben Auditorien mit durchschnittlich 1238,5 Quadrafuß = 115 qm Fläche; 3 haben Werkstätten, 6 Dunkelräume für Photographie, 3 ein allgemeines und ein Privatlaboratorium für den Instruktor und 3 Speziallaboratorien. Die Grundfläche der allgemeinen Laboratorien beläuft sich im Durchschnitt auf 118,5 qm.

24 Schulen geben den Aufwand für die Einrichtung der Laboratorien zu 945,60 $ = 4000 Reichsmark, 36 einen Durchschnittsaufwand für Apparate von

1716,57 $ = 7200 M. an; als Maximalausgabe wird 8000 $ = 33000 M. genannt. Der geringste Aufwand für Apparate soll 300 $ = 1260 M. betragen haben.

Zum Vergleich mit diesen Zahlen füge ich an, daß durch freundliche Vermittelung von Professor E. H. Hall mir die Firma *L. E. Knott Apparatus Company, Boston, Factory 15 Harcourt Street* eine Liste übersandte, nach welcher sie die für Hall & Bergens Physik nötigen Apparate für 424,44 $ = 1780 M. liefern würde.

In den *Statistics* von 1899 heißt es weiter: Wahrscheinlich, weil praktische physikalische Übungen in den Mittelschulen erst verhältnismäßig jungen Datums sind, verfügen viele ältere Schulen — und zwar oft die größeren — nur über beschränkte Räumlichkeiten für die Laboratorien; bemerkenswerter Weise lassen die Räume in den Schulen, welche durch Neubauten ersetzt werden sollen oder im Neubau begriffen sind, zu wünschen übrig.

Dies ist zu berücksichtigen, wenn man die obigen Zahlen über die Laboratoriumszustände liest; der Einfluß ist aber nicht so groß, als man erwarten könnte, weil die Schulen mit unzureichenden Räumlichkeiten über diese keine näheren Angaben machten und somit für die Mittelbildung nur die Schulen mit guten Laboratorien in Betracht kommen.

Erfahrungen, und Wünsche nach Änderungen: Die meisten Physiklehrer, welche für die *Statistics* Belege einsandten, wünschten mehr Zeit zur Verfügung zu haben, einige eine engere Verknüpfung der Physik mit andern Fächern. Ein Lehrer hielt die Praktikantenzahl 20 für zu hoch, ein anderer mit Abteilungen von 45 — nur in einem weiteren Falle war die Zahl höher als 20, nämlich 25 — meinte, 20 oder weniger wäre das Richtige.

Die Frage, ob Änderungen der gegenwärtigen (1899 gehandhabten) Unterrichtsmethode wünschenswert seien, beantworteten von 10 Lehrern 6 mit „nein“ und 4 mit „es sind Änderungen nicht praktisch durchführbar“.

Nur, daß mehr Mathematikunterricht dem Physikunterricht vorausgehen solle, und Physik und Mathematik in engere Beziehung zueinander gebracht werden sollten, wurde mehrfach gewünscht, sodaß diese Frage vom Komitee zur weiteren Prüfung empfohlen wird.

Eine entscheidende Verfügung und ein bestimmtes Urteil dahingehend, daß die Tätigkeit im physikalischen Laboratorium eine Forderung der allgemeinen Mittelschulbildung sei, die zum Eintritt in die Universität berechtigt, liegt in der im Jahre 1901 von der *Harvard University* und der *Lawrence Scientific School* festgelegten Bestimmung, daß vorhergegangene physikalisch-praktische Tätigkeit eine Vorbedingung für die Aufnahme in die — zunächst die genannten, wie ich aber jetzt höre, auch andere — Universitäten sei; es verlangen diese nämlich[78]): „einen

[78]) Aus Descriptive List of Elementary Exercises in Physics corresponding to the „Requirement in Elementary Experimental Physics for Admission to Harvard College and the Lawrence Scientific School“. Cambridge, Published by the University Press, 1901. 2. Auflage.

Studiengang, der die elementaren Tatsachen und Prinzipien der Physik mit quantitativer, vom Schüler durchgeführter Laboratoriumsarbeit umfaßt". Im einzelnen sind die Laboratoriumsübungen, wie folgt, genauer in folgender Weise erläutert:

„Die Laboratoriumstätigkeit des Eintretenden soll Fertigkeit (*practice*) in der Beobachtung und Erklärung physikalischer Phänomene, einige Vertrautheit (*familiarity*) mit den Meßmethoden und einige Ausbildung von Hand und Auge in Bezug auf Genauigkeit (*precision*) und Gewandtheit (*skill*) verleihen. Außerdem ist sie als ein Mittel zur Befestigung einer beträchtlichen Vielheit von Tatsachen und Prinzipien im Gedächtnis zu betrachten. Der Kandidat hat eine Laboratoriumsprüfung zu bestehen, deren Hauptzweck ist festzustellen, wie viel der Kandidat durch einen derartigen Übungskurs gewonnen hat."

„Als Grundlage für die Laboratoriumsprüfung dient eine Reihe von 35 vom Kandidaten anzugebenden Aufgaben, welche in der von der Universität veröffentlichten Liste — d. i. eben die zitierte „*Descriptive list*" — enthalten sind; darunter müssen 10 aus der Mechanik genommen sein; eines von den Gebieten Licht, Wärme, Schall und Elektrizität (einschl. Magnetismus) darf gänzlich unberücksichtigt bleiben, aber jedes der 3 anderen Fächer muß mit mindestens 3 Aufgaben vertreten sein."

Die „Descriptive list" enthält 38 Versuche aus der Mechanik, 11 aus der Wärme, 3 aus Schall, 9 aus Optik und 11 aus Elektrizität und Magnetismus.

Diese Verfügung einer angesehenen amerikanischen Hochschule sanktioniert die Notwendigkeit der physikalischen — in ähnlicher Weise auch der chemischen[79]) — Schülerübungen an Mittelschulen in Amerika. Wir in Deutschland verlangen nicht einmal vom Mediziner auf der Universität noch eine Vertiefung der ihm so sehr nötigen praktisch-physikalischen Ausbildung! Sind wir damit in diesem Punkte des Unterrichts noch ganz auf der Höhe der Zeit und vorbildlich für die anderen Nationen, wie wir es waren?

E. Entwickelung des Laboratoriumsunterrichts an in- und ausländischen Hochschulen.

Die Ausdehnung, welche das physikalische Praktikum an den Hochschulen gewonnen hat, ist in trefflicher Weise aus der Zusammenstellung von Boris Weinberg[80]), Privatdozent in Odessa, über den physikalischen praktischen Unterricht in 206 Laboratorien von Europa, Amerika und Australien zu ersehen. Dieselbe gibt über den zahlenmäßig feststellbaren Betrieb an 25 + 20 deutschen Universitäten und technischen Hochschulen,

---

[79]) Siehe Requirements in Chemistry for Entrance to Harvard College and the Lawrence Scientific School. 2. Aufl., Cambridge, Published by the University 1901.

[80]) L'enseignement pratique de la physique dans 206 laboratoires de l'Europe, de l'Amerique et de l'Australie par Boris Weinberg, 126 S. Odessa, Imprimerie „Economique", Rue de la Poste, 1902.

		Deutschland			Österreich-Ungarn			England		
		Universitäten	Technische Hochschulen	Medizinerpraktika inkl. Österreich	Universitäten	Techn. Hochschulen inkl. Belgien, Finnland, Portugal, Schweiz	Medizin.-praktik. inkl. Deutschland	Universitäten inkl. Australien	Techn. Hochschulen (Colleges)	Mediziner inkl. Niederl., Schweiz
		1	2	3	4	5	6	7	8	9
1. Ausgesandte Rundschreiben		28	26	4	14	46		36	19	7
2. Eingelaufene Antworten . .		16	16	4	8	6		12	3	0
3. Zahl der Laboratorien mit Praktikum	1900	19	5	2	7	7		16	5	5
	1890	7	8	1	6	2		10	1	1
	1880	3	6	1	2	1		2	0	1
	1870	1	3	0	1	0		1	0	0
4. Laboratorien ohne Praktikum		—	4	4	1	1		—	—	—
5. Gesamtzahl der Assistenten	1900	38	24	1	9	13		45	15	?
	1890	10	7	1	8	2		10	3	?
	1880	4	3	—	5	—		—	—	?
	1870	1	2	—	2	—		—	—	?
6. Zahl der Assistenten pro Laboratorium	1900	2,0	2,2	1,0	1,8	2,2		2,8	3,0	?
	1890	1,3	1,0	1,0	2,0	1,0		1,7	3,0	?
	1880	1,0	0,6	—	2,5	—	Siehe Kolumne 3	—	—	?
	1870	1,0	1,0	—	1,0	—		—	—	?
7. Gesamtzahl der Praktikanten	1900	1039	990	65	199	566		1517	780	170
	1895	318	408	—	98	243		766	70	—
	1890	105	169	—	47	116		444	—	—
	1885	77	135	—	14	93		59	—	—
	1880	32	173	—	4	15		—	—	—
	1875	—	76	—	10	—		—	—	—
	1870	—	25	—	8	—		—	—	—
	1865	—	—	—	5	—		—	—	—
8. Zahl der Praktikanten per Laboratorium	1900	52	110	65	40	142		80	156	170
	1895	40	45	—	25	243		98	70	—
	1890	21	21	—	22	116		63	—	—
	1885	26	19	—	7	93		20	—	—
	1880	32	29	—	4	15		—	—	—
	1875	—	19	—	10	—		—	—	—
	1870	—	13	—	8	—		—	—	—
	1865	—	—	—	5	—		—	—	—
9. Zahl der Studierenden, die 1 Assistenten entspricht . .		26	50	65	22	65		22	52	87
10. Durchschnittliche Zahl der gleichzeitig im Laboratorium anwesenden Praktikanten .		23	48	25	15	37		15	46	35

Vereinigte Staaten von Amerika			Rußland			Frankreich			Spanien, Italien, Portugal	Bulgarien, Finnland, Norwegen, Niederlande, Schweden	Belgien, Rumänien, Schweiz	Österreich, Belgien, Finnland, Portugal, Schweiz	Total
Universitäten	Technische Hochschulen	Mediziner	Universitäten	Technische Hochschulen	Mediziner	Universitäten	Technische Hochschulen	Mediziner	Universitäten	Universitäten	Universitäten	Technische Hochschulen	
10	11	12	13	14	15	16	17	18	19	20	21	22	23
51	?	?	10	25	6	19	25	26	34	9	13	46	464
18	?	?	7	13	6	10	12	13	14	7	11	6	179
17	?	?	7	13	0	16	8	16	10	7	11	7	183
10			6	5	0	5	1	7	8	5	6	2	90
4			4	2	0	3	1	1	3	3	2	1	40
0			2	1	0	3	1	0	1	1	1	0	16
—	?	?	—	—	6	—	5	1	4	—	—	1	27
38	? Sind meist an die Universitäten angegliedert.	?	11	16	—	19	8	13	19	11	12	13	293
12			9	3	—	8	2	4	13	8	5	2	105
3			5	2	—	6	2	0	11	5	1	—	47
1			2	1	—	2	2	—	4	3	1	—	21
2,7	?	?	1,6	1,3	—	2,1	2,7	2,2	1,9	1,8	1,5	2,2	2,1
1,2			1,5	0,8	—	1,6	2,0	2,0	1,6	1,6	1,3	1,0 Gleichlautend mit Kolumne 5.	1,4
0,8			1,3	1,0	—	1,2	2,0	0,0	1,6	1,3	1,0	—	1,1
1,0			1,0	1,0	—	0,7	2,0	—	0,8	1,5	1,0	—	1,0
1672	?	?	465	1448	—	447	303	761	203	241	638	566	11 545
1108			278	479	—	158	26	270	152	248	374	243	5 024
676			298	169	—	145	21	100	123	124	117	116	2 681
209			314	50	—	149	17	70	107	59	18	93	1 395
101			248	28	—	110	10	30	70	28	12	15	885
75			77	20	—	10	17	—	—	29	15	—	329
—			26	—	—	10	16	—	—	—	11	—	96
—			7	—	—	10	15	—	—	—	3	—	40
111	?	?	78	121	—	28	51	190	20	60	80	142	77
74			46	120	—	23	26	45	15	61	75	243	56
68			50	42	—	24	21	50	15	31	29	116	37
35			79	25	—	30	17	70	22	15	18	93	30
34			83	28	—	22	10	30	23	9	12	15	29
75			39	20	—	10	17	—	—	15	15	—	24
—			13	—	—	10	16	—	—	—	11	—	12
—			12	—	—	10	15	—	—	—	3	—	8
41	?	?	50	91	—	13	19	87	11	33	53	65	50
23	?	?	22	29	—	18	15	35	11	12	19	37	26

		Deutschland			Österreich-Ungarn			England		
		Universitäten	Technische Hochschulen	Medizinerpraktika inkl. Österreich	Universitäten	Techn. Hochschulen inkl. Belgien, Finnland, Portugal, Schweiz	Medizin.-praktik. inkl. Deutschland	Universitäten inkl. Australien	Techn. Hochschulen (Colleges)	Mediziner inkl. Niederl., Schweiz
		1	2	3	4	5	6	7	8	9
11. Zahl der Laboratorien, in denen die Praktikanten arbeiten in Gruppen zu	1	8	1	0	0	0	Siehe Kolumne 3.	4	0	1
	1—2 oder 2	8	8	1	4	1		11	3	6
	mehr als 2	0	2	0	2	3		1	2	3
12. Mittlere Arbeitszeit in Stunden pro Woche, die auf den Praktikanten trifft		6,4	5,2	5,5	7,9	10,9		9,9	3,6	2,8
13. Durchschnittliche Zahl verschiedener Versuche pro Laboratorium		98	112	47	118	144		155	129	41
14. Durchschnittliche Zahl der von einem Praktikanten während eines Jahres behandelten Aufgaben		56	38	36	50	18		46	100	29
15. Durchschnittliche Semesterzahl, welche ein Praktikant im Laboratorium arbeitet .		2,2	2,1	1,0	1,5	2,7		4,7	5,3	2,6

21 + 8 englischen und australischen, 9 + 4 österreichisch-ungarischen, 13 + 5 belgischen, rumänischen und schweizerischen, 7 bulgarischen, finnländischen, norwegischen, niederländischen und schwedischen, 7 spanischen, italienischen und portugiesischen, 19 amerikanischen, 18 + 4 französischen und 8 + 15 russischen Hochschulen Auskunft; man findet darin die Gründungsdaten und den Frequenzgang der physikalischen Institute, die Zahl der Dozenten und und Studenten und die regelmäßig gestellten Aufgaben, sowie die verwendeten Lehrbücher wieder, welche seit 1865 bis 1900 zu verzeichnen waren. Die ersten Laboratorien stammen aus den Jahren 1865—1870; die wichtigste Gründungsepoche liegt zwischen 1880—1890 und der Hauptzuwachs erfolgte in den letzten 10 Jahren des verflossenen Jahrhunderts. Die Statistik Weinbergs ist nicht ganz vollständig, da er zum Teil mittels Rundschreibens seine Erkundigungen einziehen mußte und nur etwa 50% beantwortet wurden, aber das Gesamtbild, das sie liefert, ist wohl richtig und hochinteressant; der vorstehende Auszug aus Tabelle II des Buches gibt am kürzesten einen zahlenmäßigen Überblick über die wachsende Bedeutung des Laboratoriumsunterrichts in Physik an Hochschulen.

Vereinigte Staaten von Amerika			Rußland			Frankreich			Spanien, Italien, Portugal	Bulgarien, Finnland, Norwegen, Niederlande, Schweden	Belgien, Rumänien, Schweiz	Österreich, Belgien, Finnland, Portugal, Schweiz	Total
Universitäten	Technische Hochschulen	Mediziner	Universitäten	Technische Hochschulen	Mediziner	Universitäten	Technische Hochschulen	Mediziner	Universitäten	Universitäten	Universitäten	Technische Hochschulen	
10	11	12	13	14	15	16	17	18	19	20	21	22	23
3	Sind meistenteils an die Universitäten angegliedert.	?	1	3	—	3	0	1	3	0	0	0	27
10		?	5	10	—	7	2	6	7	6	7	1	102
2		?	0	1	—	0	2	3	1	0	2	3 Gleichlautend mit Kolumne 5.	21
7,9		?	4,3	3,5	—	4,6	9,3	2,8	9,5	8,5	2,5	10,9	7,9
162		?	99	56	—	107	77	41	112	104	71	144	106
52		?	15	16	—	41	31	29	35	24	40	18	37
2,8		?	3,4	2,5	—	3,1	2,5	2,6	2,7	3,2	2,0	2,7	2,8

Nach Weinberg gab es im Jahre 1900 an den Hochschulen (*établissements d'enseignement superieur*) der ganzen Welt ungefähr 400 physikalische Laboratorien mit 500 Professoren und 800 Assistenten. Nur in einem Fünftel derselben werden keine Übungspraktika abgehalten, teils weil man sie für nicht nötig hält, teils weil es an dem nötigen Raum und den Mitteln gebricht. In den übrigen Laboratorien arbeiten ungefähr 25000 Studierende und verbringen darin durchschnittlich 3 Semester lang je 8 Stunden pro Woche; die Zahl der in diesen 400 Übungsstunden behandelten verschiedenen Aufgaben beläuft sich auf 60, und diese Zahl beträgt $^2/_3$ der im Laboratorium regelmäßig eingerichteten Versuche. In England und Amerika ist das Gebiet der Mechanik bevorzugt. Die Zahl der Studierenden wächst zur Zeit erheblich rascher als die Zahl der Laboratorien, die Notwendigkeit weiterer Spezialisierung scheint indessen dieses Mißverhältnis ausgleichen zu können.

Im ganzen ist aus allem der erfreuliche Schluß zu ziehen, daß an den Hochschulen aller Länder die Methode des Physikunterrichts, der ursprünglich nur in Vorlesungen und Demonstrationen bestand, des wichtigsten Hebels sich mehr und mehr bedienen kann, der in der praktischen Tätigkeit der Studierenden liegt. Die Art der Versuche ist an allen Hochschulen die gleiche, indem exakte Messungen, welche die Bestimmung physikalischer Konstanten und ein innigeres Verständnis der Gesetze bezwecken, den Hauptkern bilden. Selbst die Lehrbücher sind in den verschiedenen Ländern sehr ähnlich und direkte Übersetzungen oder Nachbildungen des ersten Praktikumsbuches, des jetzt in 9. Auflage erschienenen „Lehrbuches der praktischen Physik“ von Friedrich Kohlrausch (Teubner, Leipzig) und des jüngeren, elementarer gehaltenen, auch bereits in 5. Auflage zu erwartenden „Physikalischen Praktikums“ von E. Wiedemann und H. Ebert (Vieweg & Sohn, Braunschweig). Unter den fremden Praktikumsleitfaden sind Witz, *Cours de manipulations de physique. Cours élémentaire* et *Cours supérieur,* sowie Glazebrook and Shaw, *Practical Physics, Longmans Green & Cie., London,* und Stewart and Gee, *Practical Physics, Macmillan & Cie., London,* die nächst weit, etwa halb so stark, in der Welt verbreiteten.

F. Schlußwort.

In meinem Bericht über das Studium des naturwissenschaftlichen Unterrichts in England a. a. O. sagte ich zum Schlusse, daß die Entwickelung des naturwissenschaftlichen Unterrichts in England und bei uns die Einführung einer mehr „heuristischen Methode“ durch Einführung mehr individueller Betätigung der Schüler in den Laboratorien angezeigt erscheinen lasse. Ich kann mich jetzt nach genauerer Betrachtung und Schilderung der Entwickelung, welche der naturwissenschaftliche Unterricht in allen Ländern genommen hat oder nehmen wird, nicht enthalten, das Mittel zur Erreichung des Zieles unseres naturwissenschaftlichen Unterrichts

in praktischen physikalischen und chemischen Schülerübungen

zu erblicken, wenn der naturwissenschaftliche Unterricht unserer Jugend das Beste geben soll, was die Arbeit der Forscher auf dem Arbeitsfelde der Naturwissenschaften geschaffen hat; wir haben den ernstlichen Anlaß, vorurteilsfrei zu beachten, wie andere zukunftsbesorgte Nationen die Naturwissenschaften für die Schule nützlich und dienstbar zu machen suchen.

Der Worte sind nun genug gewechselt; könnte doch bald eine Tat folgen, wie sie z. B. in Frankreich mit dem Dekret vom 31. Mai 1902 begonnen ist.

München, 17. August 1904.

Sonderhefte der Zeitschrift für den physikalischen und chemischen Unterricht. Heft 3.

Abhandlungen

zur

Didaktik und Philosophie der Naturwissenschaft.

Herausgegeben

von

F. Poske in Berlin, A. Höfler in Prag und E. Grimsehl in Hamburg.

Heft 3.

Der naturwissenschaftliche Unterricht

— insbesondere in Physik und Chemie —

bei uns und im Auslande.

Von

Dr. Karl T. Fischer,

a. o. Professor der Kgl. Technischen Hochschule in München.

BERLIN.

Verlag von Julius Springer.

1905.

Verlagsbuchhandlung von Julius Springer in Berlin N.

Als Sonderhefte der **Zeitschrift für den physikalischen und chemischen Unterricht** gelangen zur Ausgabe:

Abhandlungen
zur
Didaktik und Philosophie der Naturwissenschaft.

Herausgegeben

von

F. Poske in Berlin, **A. Höfler** in Prag und **E. Grimsehl** in Hamburg.

Die immer reger werdende Tätigkeit auf dem Gebiete des naturwissenschaftlichen und insbesondere des physikalischen und chemischen Unterrichts hat den Plan gezeitigt, größere Abhandlungen, deren Umfang das in der Zeitschrift einzuhaltende Maß überschreitet, gesondert herauszugeben. Diesem Zweck sollen die „Sonderhefte“ dienen, die in der Regel nur je eine größere Abhandlung enthalten werden.

In erster Reihe sind Original-Abhandlungen in Aussicht genommen, die geeignet sind, die Didaktik des physikalisch-chemischen Unterrichts, sei es im ganzen oder in bezug auf einzelne Abschnitte, zu fördern. Zugleich soll die Möglichkeit geboten sein, daß die Ergebnisse einer größeren Zahl von Einzelarbeiten verschiedener Verfasser zu einer methodischen Darstellung eines bestimmten Gebietes zusammengefaßt werden, und daß in solchem Zusammenhange auch ältere Versuche, die aus irgend einem Grunde in Vergessenheit geraten sind, wieder allgemeiner bekannt werden. Auch historische Abhandlungen, sofern sie zum Unterricht in näherer Beziehung stehen, sollen in den „Sonderheften“ eine Stätte finden.

Zu jenem nächsten Anlaß für die Herausgabe von „Sonderheften“ gesellt sich das neu erwachte Interesse für die Fragen, die sich auf die Prinzipien des Naturerkennens beziehen. Pflegten noch vor wenigen Jahren die naturwissenschaftlichen Forscher die Reflexion auf die letzten Grundlagen ihres wissenschaftlichen Arbeitens als einen im üblen Sinne philosophischen Luxus abzulehnen, so findet seit kurzem der Ruf nach „Naturphilosophie“ immer allgemeineren Anklang. Andererseits aber sieht sich auch

Fortsetzung auf Seite 3 des Umschlages.

der Lehrer der Naturwissenschaft — insbesondere der fundamentalen Disziplinen Physik und Chemie — durch die stündlich sich erneuernden Bedürfnisse des Unterrichtes selbst immer wieder an jene Grundfragen herangeführt. Bei dieser Sachlage erscheint es an der Zeit, auch hier zusammenfassend und in größeren Zügen weiterbildend vorzugehn, derart, daß das immer noch wachsende Interesse an der Philosophie der Naturwissenschaft in geordnete Bahnen gelenkt und zur Förderung der Wissenschaft wie des Unterrichts herangezogen wird. Auch diesem wichtigen Zwecke sollen die „Sonderhefte" dienen. —

Die „Sonderhefte" erscheinen im ungefähren Format der Zeitschrift für den physikalischen und chemischen Unterricht und werden zwanglos sowohl ihrem Umfange, wie der Zeit ihres Erscheinens nach ausgegeben. Jedes Heft ist einzeln käuflich, der Preis richtet sich nach dem Umfange. Eine größere Zahl von Heften im Gesamtumfange von ca. 40 Bogen wird zu je einem Bande (Preis etwa 12—16 M.) vereinigt.

Bis jetzt sind erschienen:

Heft 1: **Die elektrische Glühlampe im Dienste des physikalischen Unterrichts.** Von **E. Grimsehl,** Professor an der Oberrealschule auf der Uhlenhorst in Hamburg. Preis M. 2,—.

Heft 2: **Zur gegenwärtigen Naturphilosophie.** Von **Dr. Alois Höfler,** o. ö. Professor an der Deutschen Universität Prag. Preis M. 3,60.

Heft 3: **Der naturwissenschaftliche Unterricht — insbesondere in Physik und Chemie — bei uns und im Auslande.** Von **Dr. Karl T. Fischer,** a. o. Professor an der Kgl. Technischen Hochschule in München. Preis M. 2,—.

Heft 4: **Wie sind die physikalischen Schülerübungen praktisch zu gestalten?** Von **Hermann Hahn,** Oberlehrer am Dorotheenstädtischen Realgymnasium zu Berlin. Preis M. 2,—.

In Vorbereitung befindet sich:

Über Ursache, Kraft und Disposition. Von **Dr. A. Meinong,** o. Professor an der Universität Graz.

Bestellungen nehmen alle Buchhandlungen entgegen.

Universitäts-Buchdruckerei von Gustav Schade (Otto Francke), Berlin N.